Tapken/Wübbelmann
Aufstellungsarbeit in Organisationen

Aufstellungsarbeit in Organisationen

Organisationen verstehen und entwickeln mit Systemaufstellungen

von
Dr. Andreas Tapken
und
Klaus Wübbelmann

Verlag Franz Vahlen GmbH

ISBN Print: 978 3 8006 6367 5
ISBN ePDF: 978 3 8006 6368 2
ISBN ePub: 978 3 8006 6369 9

Satz: Fotosatz Buck
Zweikirchener Str. 7, 84036 Kumhausen
Druck und Bindung: Beltz Grafische Betriebe GmbH
Am Fliegerhorst 8, 99947 Bad Langensalza
Umschlaggestaltung: Ralph Zimmermann – Bureau Parapluie
Bildnachweis: © Orbon Alija – istockphoto.com

CO_2 neutral
vahlen.de/nachhaltig

Gedruckt auf säurefreiem, alterungsbeständigem Papier
(hergestellt aus chlorfrei gebleichtem Zellstoff)

Inhaltsverzeichnis

1 Einführung

„The smartest person in the room is the room.“

– David Weinberger

Organisationen müssen sich aufstellen. Sie müssen sich intern organisieren und sich fragen: Ist jeder am richtigen Platz? Wie stehen die Mitarbeitenden zum Management? Und sie müssen sich in ihrem äußeren Kontext platzieren: Wo stehen wir als Organisation? Wie positionieren wir uns? Sind wir gut aufgestellt für die anstehenden Herausforderungen? Was in unserem Umfeld nimmt Einfluss auf uns? Was behindert unsere Entwicklung?

Mit solchen Fragen haben wir in unserer Arbeit als Berater in Organisationen regelmäßig zu tun. Deswegen haben wir dieses Buch über Aufstellungsarbeit in Organisation geschrieben. Seit Jahren nutzen wir Aufstellungen in unserer Arbeit mit Individuen, Gruppen, Abteilungen und Projektteams in Organisationen. Immer wieder fasziniert uns diese Methode, denn sie ist schnell, effektiv, außergewöhnlich, eindrucksvoll.

Dieses Buch beschreibt, was Organisationsaufstellungen sind, was sie leisten können und wie sie funktionieren. Wir legen dar, was Sie über ihre Organisation erfahren können, wenn Sie Organisationsaufstellungen als Analyse-Tool nutzen. Und Sie lernen, wie Sie mit der Aufstellungsarbeit in Ihrer Organisation intervenieren und sie entwickeln, steuern und verändern können.

Wer sollte dieses Buch lesen?

- *Berater, Coaches und Trainer,* die ihren Methodenkoffer bereichern möchten, erhalten einen umfassenden Überblick über die Grundlagen, Settings und Anwendungsfelder der Aufstellungsarbeit in Organisationen.
- *Familienaufsteller,* die schon viel Erfahrung mit der Aufstellungsarbeit in Familien, Partnerschaften und persönlichen Fragen ge-

sammelt haben und ihr Tätigkeitsspektrum erweitern möchten, lernen, was an der Aufstellungsarbeit in Organisationen besonders ist und was sie dabei beachten sollten.

- *Top Manager,* die überzeugt sind, dass Organisationen mehr sind als Bilanzen und Organigramme zeigen, erfahren, wie sie Beziehungen verstehen und deren Qualität verbessern können, welchen Einfluss Emotionen und Stimmungen haben und wie sie Mitarbeitende für das Erreichen strategischer Ziele gewinnen können.
- *Andere Führungskräfte,* die die Komplexität und Unübersichtlichkeit ihrer Arbeit ans Limit bringt, finden hier eine Methode, die hilft, komplexe Phänomene und Systeme verständlich und handhabbar zu machen.
- *Personalentwickler,* die nach neuen Ansätzen in der Personalarbeit suchen, entdecken hier eine innovative Methode, die einzelne Mitarbeitende, Teams und ganze Organisationen anregt, begeistert, motiviert und inspiriert.

Die Kapitel in der Übersicht

Die Methode der Aufstellungsarbeit entstammt dem Familienstellen. Kapitel 2 setzt sich intensiv mit dieser Herkunft auseinander. Wir haben uns für eine ausführliche Darstellung entschieden, da nach unserer Wahrnehmung kaum eine überschaubare Übersichtsdarstellung zu Hellingers Konzepten und Methoden zu finden ist. Wer sich dafür weniger interessiert, kann auch direkt zu Kapitel 3 übergehen. Uns geht es darum, deutlich zu machen, welche Anleihen an die Familienaufstellung nach Hellinger für Organisationen sinnvoll sind. Zudem wird deutlich werden, worin und warum wir uns von Bert Hellinger, dem Begründer des Familienstellens, absetzen. Am Ende von Kapitel 2 wissen Sie, welche die methodischen Säulen der Aufstellungsarbeit sind. Dieses Kapitel ist lang, aber vor allem dann für Sie lohnenswert, wenn die Aufstellungsarbeit neu für Sie ist.

In Kapitel 3 wird es kurz etwas grundsätzlicher und philosophischer. Da klären wir nämlich die Frage, wie mithilfe von Aufstellungen valide und hilfreiche Erkenntnisse zustande kommen. Aufstellungen sind ja keine naturwissenschaftliche Methode, sondern Menschen mit bestimmten Vorerfahrungen und Interessen sind da am Werk. Deswegen geht es um Erkenntnistheorie, um Phänomenologie, Konstruktivismus und Hermeneutik – klingt schlimmer als es ist.

In Kapitel 4 machen wir klar, worin sich Aufstellungsarbeit unterscheidet, wenn ihr Gegenstand Organisationen sind. Gerade wenn Sie wenig Kenntnisse über Strukturen, Regeln, Dynamiken und Prozesse in Organisationen haben, ist dies ein wichtiges Kapitel für Sie. Sie erfahren, welche Handlungsfelder in Organisationen Sie unbedingt im Auge behalten sollten.

Kapitel 5 stellt eine Art Brückenkapitel dar. Hier fassen wir zusammen, worin der Ertrag aus den bisherigen eher theorieorientierten Kapiteln über Herkunft, Erkenntnistheorie und Gegenstand der Aufstellungsarbeit besteht. Wir fragen uns, welche Schlussfolgerungen sich daraus für die Aufstellungsarbeit in Organisationen ergeben und können nun über die Brücke gehen und uns der Praxis von Organisationsaufstellungen zuwenden.

Aufstellungen zu leiten ist anspruchsvoll. In Kapitel 6 erfahren Sie, welche Grundhaltungen das erfordert, worauf Leiterinnen von Aufstellungen achten sollten und wie sie dabei konkret am besten vorgehen.

Organisationsaufstellungen lassen sich mit unterschiedlichen Teilnehmerinnen und in verschiedenen Settings durchführen. Kapitel 7 erläutert, worauf zu achten ist, was möglich ist und welche Rahmenbedingungen und Formate sich bewährt hat.

In Kapitel 8, dem Schlussteil dieses Buches, fragen wir uns zunächst, was wir eigentlich in Aufstellungen über eine Organisation lernen können. Was wird da sichtbar? Und dann stellen wir Ihnen die unterschiedlichen Anwendungsfelder von Organisationsaufstellungen vor. Dazu zählen für uns insbesondere: Organisationsdiagnostik und -entwicklung, Change Management, Konflikte, Personalentwicklung und Führung.

Wie Sie schon bemerkt haben werden, sprechen wir mal weibliche, mal männliche Gegenüber an. Das ist sicher gewöhnungsbedürftig, aber sprachlich allemal eleganter und lesbarer als die dauernde Doppelnennung oder lange Wortungetüme mit :,* oder /.

Wir haben kein wissenschaftliches, sondern ein anwendungsorientiertes Buch geschrieben. Deswegen haben wir Verweise auf ein Minimum reduziert und in Klammern im laufenden Text platziert. Eine Übersicht der verwendeten Literatur findet sich am Ende des Buches.

2 Herkunft, Grundlagen und Methode der Aufstellungsarbeit in Organisationen

2.1 Nährboden Familienaufstellung

Es liegt inzwischen eine durchaus nennenswerte Anzahl von Veröffentlichungen über Aufstellungsarbeit in Organisationen vor. Zudem gibt es auch mehr und mehr praktische Ansätze, in der Organisationsberatung mit Aufstellungen zu arbeiten.

Der ganz überwiegende Teil dieser Ansätze ist sowohl auf der konzeptionellen als auch auf der praktischen Seite davon geprägt, dass die Autorinnen und Aufstellerinnen aus der therapeutisch-beratenden Arbeit und dem Erfahrungskontext von Familienaufstellungen kommen. Sie haben den Weg vom angestammten Arbeitsumfeld in die Beratung von Organisationen genommen und dort ein weiteres, wichtiges Betätigungsfeld entdeckt.

Oft spürt und sieht man den Beschreibungen dieser Ansätze ihre Herkunft an. Konzepte und Sichtweisen, Fragestellungen und Problemdefinitionen, Wortwahl und Intonation, Haltung und Vorgehensweisen sind von den Rahmenbedingungen und den Erfahrungen geprägt, die im persönlichen, privaten oder gruppendynamischen Setting üblich sind. Dort ist die Öffnung für Beziehungsfragen, Gefühle, persönliche Erfahrungen, biografische Höhen und Tiefen, familiäre Verstrickungen, intime Fragestellungen nicht nur zulässig, sondern gewünscht und vielfach auch die Regel. Die Offenheit dafür wird unterstellt und Aufstellungsleiterinnen sprechen explizit die persönliche und emotionale Ebene, die persönliche Betroffenheit und die tieferen inneren Konflikte an.

Dass Organisationen manchmal gegenläufige Rahmenbedingungen und Erfahrungskontexte mit sich bringen, ist zwar einerseits offenkundig und anerkannt, wird aber andererseits im Transfer der Aufstellungsmethode vom Ursprungskontext Familienaufstellung in das Feld der Organisationsberatung nicht immer ausreichend beachtet.

Wir beleuchten in diesem Kapitel die konzeptionellen Grundannahmen, die die Arbeit in Familienaufstellungen bestimmen. Diese Grundannahmen werden aus unserer Sicht im Hinblick auf ihre Gültigkeit für den Kontext von Organisationen häufig nicht ausreichend kritisch reflektiert.

Wir werden Transparenz in die Verhältnisbestimmung zwischen Familienaufstellung und Aufstellungsarbeit in Organisationen bringen.

Zugleich wird so die Grundlage dafür gelegt, die Aufstellungsarbeit in Organisationen auf ein eigenständiges erkenntnistheoretisches, konzeptionelles und methodisches Fundament zu stellen.

Die Familienaufstellung ist im Kern eine Methode. Mit dieser Methode werden in Therapie und Beratung Familienkonstellationen visualisiert. Es geht dabei im ersten Schritt darum, ihren Einfluss auf die Lebenssituation von Klientinnen und Klienten insgesamt bzw. auf spezifische Problemlagen und Herausforderungen zu erkennen. In einem möglichen zweiten Schritt versucht man gegebenenfalls, die Erkenntnisse in den therapeutischen oder Beratungsprozess einfließen zu lassen und Interventionen daraus abzuleiten. Die Familie, der eine Klientin entstammt, ist der Gegenstand, der mithilfe der Methode Aufstellung betrachtet wird. Um den darin ablaufenden Wahrnehmungsprozess transparent zu machen, sollten die folgenden Fragen geklärt werden:

1. Welchen Einfluss haben Annahmen über die Möglichkeiten und Grenzen der Erkenntnis sowie über den Prozess des Erkennens auf die Schlussfolgerungen aus einer Familienaufstellung? Wie vollzieht sich grundsätzlich der Prozess des Erkennens, Verstehens und Interpretierens in einer Aufstellung? Wir werden uns dabei auf die Annahmen konzentrieren, die den Ansatz Bert Hellingers, sowie einiger namhafter Autoren, zur Familienaufstellung, bestimmen.

2. Welche Überzeugungen über den Gegenstand der Betrachtung, die Familie, leiten den Erkenntnisprozess? Dabei ist nicht die jeweils spezifische Familie einer konkreten Klientin gemeint, sondern die Familie als allgemeine und übergreifende Kategorie.
3. Welche methodischen Vorläufer hat die Familienaufstellung und welche Intentionen sind mit diesen methodischen Ansätzen verknüpft?
4. Welche Schlussfolgerungen werden aus den Festlegungen zu diesen Fragekomplexen für die therapeutische bzw. die beratende Arbeit gezogen, die sich der Familienaufstellung als Betrachtungsmethode bedient? Insbesondere ist hier die Frage interessant, welche Einsichten über den Gegenstand Familie mittels der methodischen Betrachtung in einer Aufstellung für möglich gehalten bzw. erwartet und angenommen werden.

2.1.1 Bert Hellinger und seine Grundannahmen über Familien

Bert Hellinger gilt als die zentrale Figur in der Begründung und Entfaltung des Familienstellens. Er lebte von 1925 bis 2019, war von 1952 bis 1971 katholischer Ordenspriester und absolvierte diverse psychologische und psychotherapeutische Ausbildungen. Seine Tätigkeit speiste sich unter anderem aus der Gruppendynamik, der Psychoanalyse, der Primärtherapie, der Transaktions- und Skriptanalyse, der Hypnotherapie, dem Neuro-Linguistischen Programmieren und der Familientherapie. Er stellt diesen Werdegang selbst als Einleitung zu seinem Buch „Die Quelle braucht nicht nach dem Weg zu fragen" dar (Hellinger 2007, 13 ff.). Diese verschiedenen konzeptionellen Traditionen verband Hellinger mit einer Methode, die er ebenfalls aus anderen Kontexten übernahm und weiterentwickelte (s. dazu Abschnitt 2.2).

Es geht in der Familienaufstellung darum, Menschen die Möglichkeit zu geben, sich selbst in ihrer Entwicklung und in ihrer aktuellen Lebenssituation im Zusammenhang und in der Tradition der eigenen Familie zu sehen. Dabei kommt der Ursprungsfamilie eine besondere Bedeutung zu, die Einordnung des Individuums in die weiter zurückreichende Generationenfolge kann aber ein ebenfalls wichtiges Element des Familienstellens sein. Viele

Menschen erfahren Blockaden in der eigenen Entwicklung, haben häufig wiederkehrende Schwierigkeiten in ihren persönlichen Beziehungen und Partnerschaften oder erleben einen Mangel an Lebensfreude und andere belastende, oftmals wiederkehrende Erfahrungen. Ihnen bietet die Familienaufstellung eine Möglichkeit, die Herkunft eigener Muster, mit denen diese belastenden Erfahrungen zusammenhängen, zu verstehen und Lösungen zu entwickeln.

Der Schlüsselbegriff dafür lautet ‚Verstrickungen'. Die Methode des Familienstellens zeigt auf, wie Menschen in Glaubenssätzen, Denk- und Verhaltensmustern oder emotionalen Verfassungen gefangen sind, die in ihrer familiären Herkunft entstanden sind, die sie bis in das Erwachsenenleben und auch in neue Kontexte, wie die eigenen engen Beziehungen und die eigene Familie, übernehmen. Diese Muster behindern sie darin, sich frei und selbstbestimmt zu entfalten.

So sehr die Familienaufstellung im Kern eine Methode ist, so ist sie doch ebenfalls von bestimmten Annahmen und Konzepten über Familien geprägt. In der Beschäftigung mit Hellinger und den in seiner Denk- und Arbeitstradition stehenden Personen und Konzepten wird deutlich, dass es einige zentrale Ideen gibt, die auf einer theoretisch-konzeptionellen Ebene das Familienstellen leiten und die Deutung dessen, was die Methode hervorbringt, bestimmen.

Es handelt sich dabei um sehr spezifische, auf den Aufstellungsgegenstand Familie bezogene Konzepte und Vorstellungen. Wir arbeiten sie deshalb hier heraus, weil sie uns helfen werden, die Trennlinie zwischen der Methode der Aufstellung einerseits und ihrem Gegenstand andererseits, klarer zu sehen. Dieser Gegenstand ist bei Hellinger das Individuum in seiner Einbindung in die eigene familiäre Herkunft. Seine Gegenstandskonzepte sollten zurückgelassen werden, wenn wir die Aufstellungsmethode auf einen anderen Gegenstand beziehen. In Organisationsaufstellungen beziehen wir uns auf einen deutlich anderen Gegenstand.

2.1.2 Ordnung

In Familienaufstellungen geht es immer wieder darum, Ordnung in unübersichtlich und unscharf gewordene Beziehungsstrukturen eines Familiensystems zu bringen. Innerhalb der Familie den eigenen Platz zu kennen, kann Sicherheit und Geborgenheit vermitteln. Verliert man diesen Platz aus dem Blick, werden Rechte und Pflichten unklar, die eigene Rolle im System verschwimmt und es wird schwieriger, die familiären Beziehungen angemessen zu gestalten. Solche Schwierigkeiten können sich im Erwachsenenleben auf andere Kontexte übertragen.

Aus den therapeutischen Traditionen und Kontexten, in denen Bert Hellinger stand und aus denen heraus er seine Konzepte entwickelt und weitergegeben hat, hat er einige Ordnungsprinzipien hergeleitet, die seiner Auffassung nach ganz grundsätzlich für Familien gelten. Die wichtigsten, die auch auf die Vorgehensweisen beim Familienstellen nachhaltigen Einfluss haben, sind:

Zugehörigkeit und das Recht auf Zugehörigkeit

Eine der wesentlichen Kategorien des Familienverständnisses, das Bert Hellingers Arbeit zugrunde liegt, ist die ‚Zugehörigkeit' und das mit ihr gegebene ‚Recht auf Zugehörigkeit'. Dieses Familienkonzept betont die durch Eltern- und Kindschaft gegebene unabänderliche Zugehörigkeit jedes Menschen zu der Familie, aus der er oder sie stammt. Sie ist nicht wählbar und auch nicht aufgebbar. Dies kann man wohl als Faktum anerkennen. Mit diesem Konzept ist für Hellinger zugleich das uneingeschränkte Recht auf eben diese Zugehörigkeit verbunden. Aus diesem Recht auf Zugehörigkeit und dessen Beachtung oder Missachtung leitet Bert Hellinger elementare familiäre Dynamiken ab, die er für eine gesunde oder eben auch problematische psychische Entwicklung des Einzelnen in der Familie verantwortlich macht.

Sehr viele Familienaufstellungen in Hellingers Tradition gehen der Frage nach, ob im Familiensystem alle gesehen und gemäß ihrem Recht auf Zugehörigkeit zur Familie anerkannt werden. Das Familienkonzept beinhaltet unter anderem die Annahme, dass Ausgestoßene oder Vergessene in Familiensystemen, auch wenn sie bereits verstorben sind, von anderen durch deren Identifikation mit ihnen, wieder ins System hineingeholt werden. Diese Identifikation stellt dann für die betreffenden Menschen eine ‚Verstrickung' im familiären Beziehungsgeflecht dar, die sie nicht zu sich selbst und zur eigenen Entwicklung finden lässt: „Denn wer auf diese Weise ausgeklammert oder ausgeschlossen wurde, der wird später von einem Nachfahren vertreten und zwar ohne dass er selbst es merkt. Der fühlt sich wie der Ausgeschlossene, verhält sich wie er und nimmt häufig ein Ende wie er“ (ebd., 126).

Häufig geht es dann in den Familienaufstellungen darum, solche Ausgrenzungen und Identifikationen zu erkennen, sich ihnen zu stellen und die Ausgestoßenen oder Vergessenen explizit anzuerkennen und zu würdigen. Diejenigen, die sich durch eine unangemessene Identifikation von sich selbst entfremden, sollen so aus dieser Verstrickung gelöst werden.

Dem Konzept der Zugehörigkeit ist das der Bindung sehr ähnlich, das in der Entwicklungspsychologie intensiv erforscht und erarbeitet wurde und wird. Eine kurze und für unseren Zusammenhang aufschlussreiche Darstellung dazu bietet Oliver König (2004) in seinem Werk über Familienaufstellungen.

Ein Transfer der Arbeit in der Familienaufstellung in den Kontext von Organisationen sollte darauf achten, das Zugehörigkeitskonzept, das dort gilt, nicht hierhin zu übertragen.

Geben und Nehmen

Bert Hellinger greift immer wieder auf das für menschliche Beziehungen sehr grundlegende Zusammenspiel von Geben und Nehmen zurück. Ein anderer in diesem Zusammenhang vielfach genutzter Begriff ist der des Ausgleichs. Die schlichte Logik lautet zunächst: In menschlichen und damit auch in familiären Beziehungen ist ein Ausgleich von Geben und Nehmen für das Fortbestehen der Beziehung und auch für die Lebensfähigkeit der Individuen essenziell. Dauerhaft unausgeglichene Beziehungen, in denen einer mehr oder nur gibt, während der andere mehr oder nur nimmt, werden als ungesund und bedrohlich nicht nur für die Beziehung, sondern auch für die Spielräume der Lebensgestaltung für den Einzelnen angesehen. Durch nicht erfolgten Ausgleich entstehen nach dieser Sichtweise Verflechtungen, die die Beteiligten so lange aneinanderbinden, bis der Ausgleich erfolgt ist. Der nicht erfolgte Ausgleich kann in Hellingers Konzept Einzelne oder ein Familiensystem über Generationen hinweg belasten. Wenn in der Familie jemand nicht das Angemessene zurückbekommen hat oder eine Schuld nicht beglichen wurde, bleibt dieser mangelnde Ausgleich im Familiensystem bestehen und es drängt dazu, diesen Ausgleich zu vollziehen. Das kann Familienangehörige späterer Generationen in alte Ausgleichsprozesse verstricken.

Bert Hellinger unterstellt allerdings zunächst eine positive Dynamik im Ausgleichsprozess von Geben und Nehmen, die – zumindest in vitalen und gesunden Beziehungen – deren Wachstum und Intensivierung befördert: „Der Austausch zwischen einem Paar beruht auf zwei Bedürfnissen. Das eine ist das Bedürfnis nach Ausgleich, das andere ist das Bedürfnis nach Liebe. Wenn also der eine Partner dem anderen etwas gibt mit Liebe, dann nimmt es der andere Partner. Weil er ein Bedürfnis nach Ausgleich hat, gibt der dem anderen etwas Gleichwertiges zurück. Weil er ihn aber auch liebt, gibt er ihm ein bisschen mehr zurück, als er von ihm bekommen hat. Beim anderen läuft dann das Gleiche ab. Er gibt zurück, aber aus Liebe ein bisschen mehr. So steigert sich durch die Verbindung der beiden Bedürfnisse nach Ausgleich und nach Liebe der Austausch und das Glück. Das ist das einfache Grundprinzip des Glücks“ (Hellinger 2007, 92).

Es ist eine Besonderheit in Hellingers Denken, dass er in sein Konzept des Ausgleichs von Geben und Nehmen den Begriff der ‚Schuld‘ integriert: Sie „hat zu tun mit dem Ausgleich von Geben und Nehmen. Wenn ich also von jemandem etwas geschenkt bekomme, fühle ich mich ihm gegenüber in der Schuld. Das, was ich bekommen habe, lässt mir keine Ruhe, bis ich etwas Gleichwertiges zurückgebe“ (ebd., 80). Diese Schuld, wenn sie nicht beglichen wird, kann ein belastendes Ausmaß annehmen und auch das Fortbestehen der Beziehung unmöglich machen. Sie kann daran zerbrechen. Hellinger geht sogar soweit, einen Ausgleich auch „im Schlimmen“ für notwendig zu erklären: „Also nicht nur im Guten haben wir das Bedürfnis nach Ausgleich, sondern auch im Schlimmen. Wenn der eine den anderen verletzt, aus was für Gründen auch immer, dann hat der andere das Bedürfnis, ihn auch zu verletzen. Und er muss verletzen, sonst ist das Gleichgewicht gestört". Aber Hellinger scheint am Sieg des Guten gelegen zu sein, denn er stellt fest: „Aber man verletzt dann mit Liebe, das heißt, man verletzt ein bisschen weniger als der andere. Dann kann der Austausch im Guten wieder beginnen. Das wären so kleine Geheimnisse für eine gelungene Paarbeziehung" (ebd., 91).

Der Originalton der Aussagen Hellingers macht unseres Erachtens deutlich, dass hier ein normatives Denken leitend ist. Prinzipien, die in ihrer ursprünglichen Form durchaus Gültigkeit verlangen können, werden in diskussionswürdiger Weise weiter ausdeutet und auf spezifische Kontexte hin entfaltet, für die man den Allgemeingültigkeitsanspruchs des grundlegenden Prinzips nicht fraglos übernehmen kann.

Familienaufstellungen oder Aufstellungen von Paarbeziehungen, in denen diese und vergleichbare Annahmen die Wahrnehmung und Deutung des Erlebten leiten, werden darauf ausgerichtet sein, die Unausgewogenheit von Geben und Nehmen zu erkennen und als Lösungsweg die Wiederherstellung der Ordnung zu favorisieren.

Mit Blick auf Organisationen muss reflektiert werden, wie das dort zweifellos bedeutsame Prinzip von Geben und Nehmen verankert ist, welche Formen es dort in der Regel annimmt und welche Überlegungen Hellingers im Hinblick auf das Geben und Nehmen in Familien und Paarbeziehung in den Kontext von Organisationen nicht hineinpassen.

Vorrang des Früheren vor dem Späteren

Hellinger stellt kurz und bündig fest, „dass die, die früher in dem System da waren, Vorrang haben vor denen, die später dazugekommen sind" (ebd., 43). Damit haben die Eltern Vorrang vor den Kindern und bei den Geschwistern bestimmt die Reihenfolge der Geburt ihre Ordnung untereinander. Es ist nicht leicht herauszuarbeiten, welche Rechte und Pflichten mit dieser Ordnung einhergehen. Auf den ersten Blick erscheint es so, als ginge es vor allem darum, überhaupt eine normative Ordnung zu definieren, an der dann tatsächlich erlebte Familiensysteme gemessen werden können. Eine sehr typische Lösungsaufstellung im Familienstellen besteht genau darin, Eltern und Geschwister nebeneinander in genau dieser Ordnung aufzustellen: Vater und Mutter, dann folgend die Kinder in der Reihenfolge ihrer Geburt.

Viele Menschen, die so eine Aufstellung mitmachen, zeigen sich beeindruckt von der Klarheit dieser Logik und es entspannt und beruhigt sie, zu sehen, wie die Beziehungen wirklich sind. Hellinger geht es stets um die Anerkennung von etwas, das für die Beziehungen entscheidend ist. Hier geht es ihm darum anzuerkennen, dass die Eltern vorher da waren und dass das Leben der Kinder von ihnen ausgeht. Und auch unter den Geschwistern ist anzuerkennen, wer älter und wer jünger ist. Wenn ein Jüngerer sich verhält als wäre er ein Älterer, missachtet er diese Ordnung. Wenig systematisch wird allerdings darüber reflektiert, im Hinblick worauf es wichtig ist, diese Ordnung zu beachten. Darf der Jüngere nicht klüger, schöner, beliebter, zufriedener oder sonst etwas sein als der Ältere? Worum also geht es bei diesem Prinzip? Wozu dient es?

Einerseits findet man bei vielen Autoren die Darstellung, es gehe bei diesem Ordnungsprinzip des Vorrangs des Früheren vor dem Späteren nur darum, jeder und jedem die ihr oder ihm zustehende Rechte zu gewähren. Wer zuerst kommt, mahlt zuerst. Und wer sich vordrängelt, missachtet die Ordnung und verursacht Konflikte. Darum sollte es die Regel geben und es sollte jemand darüber wachen, dass sie auch beachtet wird. Das verhindert Konflikte.

Insgesamt wird unterstellt, dass die Früheren frühere Ansprüche haben und dass deren Erfüllung auch Vorrang hat. Die Späteren haben mit ihren Ansprüchen dahinter zurückzustehen.

Bei Hellinger klingt es allerdings vielfach doch nach etwas mehr als einer nur pragmatischen Spielregel für ein konfliktfreies Miteinander.

Im Hinblick auf das Verhältnis zwischen Eltern und Kindern geht es ihm im Kern darum, dass die Kinder anerkennen und dankbar annehmen, dass sie das Leben durch die Eltern erhalten haben. Sie können das nur annehmen und sie können es den Eltern nicht zurückgeben. Sie können es nur weitergeben. Sie müssen es nach Hellinger aber auch annehmen, um frei zu sein.

Auch in anderer Weise bringt Hellinger den Vorrang der Früheren vor den Späteren mit dem Prinzip von Geben und Nehmen, mit dem Ausgleich und der Schuld in Verbindung: „Ein Späterer ist bereit, für einen Früheren zu sterben, wenn er meint, dass er damit dessen Tod verhindern kann. Oder er ist bereit, für die unerledigte Schuld eines Früheren zu sühnen. Oder eine Tochter vertritt die frühere Frau ihres Vaters und verhält sich zum Vater wie seine Partnerin und zur Mutter wie eine Rivalin“ (ebd., 235). Das alles klingt nach deutlich mehr und schwerwiegender als pragmatische Regeln für ein friedvolles Miteinander.

Hellinger definiert aber noch weiterreichende Vorrangregeln: Der Chronologie von später und früher folgend legt er den Vorrang der Paarbeziehung vor dem Elternsein fest und auch den Vorrang einer älteren Paarbeziehung vor einer neuen, wenn jemand sich trennt und mit jemand anderem eine Partnerschaft eingeht. Soweit gilt: Zuerst kommen die früheren, dann die späteren Verbindungen. Anders ist es beim Vorrang eines neuen Familiensystems vor den älteren Systemen. Wer eine eigene Familie gründet, löst sich (wenn es gut geht) von seiner Ursprungsfamilie. Für die neue Familie besteht der Vorrang vor den Herkunftsfamilien der Eltern.

Wir möchten hier deutlich machen, dass Hellinger hier normative Ordnungen definiert, deren Übertragung auf das Verständnis von Organisationen und die Aufstellungsarbeit in Organisationen nicht angemessen ist.

2.1.3 Gewissen und Seele als Wächter der Ordnung

Die Begriffe ‚Gewissen‘ und ‚Seele‘ sind für Hellingers Verständnis von Familien von sehr grundlegender Bedeutung. Sie sind für ihn das, was die Familie im Innersten zusammenhält: „Die Familie hat eine gemeinsame Seele und ein gemeinsames Gewissen. Diese Seele und dieses Gewissen achten auf drei Grundordnungen“ (ebd., 42). Mit diesen Grundordnungen sind die drei hier beschriebenen Prinzipien genannt: Erstens die Zugehörigkeit, zweitens das mit ihr verbundene Recht auf Zugehörigkeit und drittens der Vorrang derjenigen im System, die früher da waren, vor denjenigen, die später dazu kamen. Seele und Gewissen sind in Hellingers Vorstellung nicht etwas, das das Individuum hat, sondern etwas, an dem es teilhat. Es geht ihm voraus, ist ebenso vor ihm wie über ihm und steht nicht in seiner Verfügungsgewalt. Alles, was wir als Menschen tun können, ist uns diesem Gewissen anzuvertrauen und den Ordnungen, über die es wacht, sowie den Konsequenzen zu folgen, die sich daraus ergeben. Tun wir das nicht, fallen wir aus dem Zusammenhalt unseres Familiensystems heraus.

Das Gewissen oder die Seele in Hellingers Verständnis sind auch die Größen, mit denen sich Stellvertreter in Familienaufstellungen verbinden und über die es ihnen möglich ist, Dinge zu wissen und auszudrücken, über die sie außerhalb der Aufstellung nichts wissen. Er weigert sich, hier weiter nachzufragen und fürchtet, Aufstellungen durch eine zu investigative Herangehensweise ihrer Kraft zu berauben: „In den Familienaufstellungen wirken Kräfte, die wir nicht verstehen. Also, ich verstehe sie nicht. [...] ich spüre, wenn ich mich näher damit befassen wollte, würde es meiner Arbeit Kraft wegnehmen. Ich würde dann Geheimnisse durch Erklärungen lüften wollen, obwohl auch diese geheimnisvoll bleiben" (ebd., 61).

Erneut treffen wir hier auf sehr weitreichende Konzepte und Vorstellungen, die schwer zu greifen sind, deren empirische Verankerung laut Hellinger allenfalls in einer gegenseitigen Versicherung ihrer Existenz, nicht aber in faktischen, objektivierbaren Belegen zu finden ist.

Wir weisen ausdrücklich darauf hin, dass wir Hellingers Rekurs auf Geheimnisse, die besser nicht untersucht und gelüftet werden, nicht teilen.

Im Gegenteil: Wir halten es für äußerst sinnvoll, die Wirkprinzipien in Aufstellungen zu untersuchen. Als wenig hilfreich erachten wir Erklärungsansätze, die vor allem esoterische Konzepte bemühen und den Eindruck eher noch verstärken, man habe es in Aufstellungen mit geheimnisvollen Vorgängen zu tun. Nicht alles, was wir erleben und wahrnehmen, kann immer schon eindeutig, geschweige denn monokausal erklärt werden. Dennoch liegen schon seit geraumer Zeit verschiedene Studien vor, die Phänomene in Aufstellungen, wie beispielsweise die repräsentative Wahrnehmung, sehr nachvollziehbar erklären. Dazu zählen unter anderem die Studien zur neurobiologischen Grundlage von Empathie mit ihrer Entdeckung der sog. ‚Spiegelneuronen' (Rizzolatti, Sinigaglia 2008) oder auch die Untersuchung von Schlötter über das Raumempfinden in Aufstellungen, in der er nachweist, dass es eine auf der Wahrnehmung von Körpern im Raum basierende allgemeingültige, nichtverbale Sprache gibt, die unabhängig von Personen und Kulturen verständlich ist (Schlötter 2016; vgl. dazu den Exkurs zur stellvertretenden Wahrnehmung in Abschnitt 2.3.2).

Ist es sinnvoll, Hellingers Konzepte von ‚Gewissen' und ‚Seele' für Familiensysteme direkt oder analog auf Organisationssysteme zu übertragen? Wir kommen später auf die Bedeutung der Kultur einer Organisation als identitäts- und bindungsstiftendes Element zurück (vgl. Abschnitt 4.5). Auf den ersten Blick könnte man Assoziationen zu Hellingers Gewissens- und Seelenvorstellung herstellen. Man sollte damit sehr vorsichtig sein. Aus unserer Sicht ist die Kultur einer Organisation etwas ganz anderes als das, was in Hellingers konzeptioneller Welt mit dem Familiengewissen oder der Familienseele gemeint ist.

2.1.4 Krisen und Konflikte als Störungen der Ordnung

Folgerichtig ergeben sich aus der Annahme grundlegender und für Familiensysteme existenziell wichtiger Ordnungen und aus der Einführung des größeren, das System tragenden Ordnungshüters die entscheidenden Krisen und Konflikte aus der Missachtung der Ordnung und der Nichtbefolgung der Regeln, die der Ordnungshüter überwacht.

Krisen und Konflikte aus der Ablehnung der Eltern

Die Grundordnung für das Verhältnis von Eltern zu Kindern lautet für Hellinger: Die Eltern sind vor den Kindern da und haben

Vorrang vor ihnen, auch die Paarbeziehung der Eltern hat Vorrang vor den Beziehungen zu den Kindern. Zudem müssen Kinder anerkennen, dass sie ihr Leben durch ihre Eltern erhalten haben. Sie können den eigenen Eltern dieses Geschenk nicht zum Ausgleich wiedergeben. Sie können es nur dankend annehmen. Der Ausgleich dafür erfolgt dadurch, dass sie das Leben in der Generationenfolge an eigene Kinder weitergeben. „Die Verneigung vor den Eltern ist die Zustimmung zum Leben, wie ich es bekommen habe, zum Preis, zu dem ich es bekommen habe, und zum Schicksal, wie es mir vorbestimmt ist" (Hellinger 2007, 128). Die Ordnung der Familie verlangt, dass Kinder, wie Hellinger es ausdrückt, ‚ihre Eltern nehmen'. Auflehnung gegen die Eltern, Schuldzuweisungen, Vorwürfe oder Hass widerstreben der Familienordnung und lassen Kinder nach diesen Konzepten nicht zur Ruhe und zu sich selbst kommen. Die Verneigung vor den Eltern, vielfach rituell-symbolisch in Familienaufstellungen vollzogen, ist ein notwendiger Akt. Was als körperliche Geste vollzogen wird, ist dann wirksam, wenn es eine innere Zustimmung zur eigenen Herkunft und zum Geschenk des Lebens durch die eigenen Eltern wird. Ansonsten sind lebenslange Krisen und Konflikte zu erwarten.

Krisen und Konflikte aus Identifikation

Wie wir oben dargestellt haben, resultieren für Bert Hellinger sehr tiefe Krisen und Konflikte, die Menschen erleben, daraus, dass sie sich – für Hellinger meist unbewusst – mit einem anderen Familienmitglied identifizieren, für dieses Familienmitglied eintreten. Dabei handelt es sich nach Hellingers Verständnis immer um jemanden, der in der Familie ausgeschlossen, nicht anerkannt, versteckt oder verheimlicht wird. Es ist für Bert Hellinger ein Prinzip, in Familienaufstellungen nach solchen Ausgestoßenen, Vergessenen oder Verheimlichten zu fragen bzw. nach Anzeichen für eine Identifikation mit ihnen zu suchen. Solche aus der Identifikation mit jemand anderem im Familiensystem resultierenden Krisen und Konflikte sind existenziell. Sie können zu (schwerer) Krankheit und zum Tod führen. Er beschreibt in diesem Zusammenhang drei Grunddynamiken. Sie lauten „Ich folge Dir nach", „Lieber ich als Du, ich mache es für Dich" und „Ich tue es für Dich zur Sühne" (ebd., 157 ff.).

Die Logik der Dynamik „Ich folge Dir nach" resultiert aus der Bindung an die Schicksalsgemeinschaft, die die Familie ist, aus einer „archaischen Liebe" (ebd., 159). Die Identifikation erfolgt nicht als eine Art Vertrag zwischen den Beteiligten, sondern einseitig. Die oder der Vertretene erwartet diese Identifikation nicht vom anderen. Familienmitglieder werden in diese Dynamik hineingezogen durch das Familiengewissen bzw. die Familienseele. So gesehen tun sie es nicht aus freien Stücken und mit bewusster Entscheidung, sondern als empfundene Notwendigkeit. Das Kind beispielsweise will nach dieser Sichtweise da sein, wo Mutter oder Vater ist und folgt ihr oder ihm bis in den Tod. Befreit werden kann es nur durch eine ehrliche Begegnung mit Vater oder Mutter, der oder die ihm sagt, dass er oder sie will, dass das Kind lebt. Diese Begegnung kann in einer Aufstellung vollzogen werden. Die Ordnung der Weitergabe des Lebens an das Kind als Geschenk, das dieses nur mit Dank annehmen, das es aber nicht zum Ausgleich zurückgeben kann, wird so wiederhergestellt.

Die Haltung „Lieber ich als Du. Ich mache das für Dich" beschreibt eine Verstrickung, in der jemand Leid und Emotionen für ein anderes Familienmitglied übernimmt. Hellinger beschreibt Fälle, in denen das Kind das Leid und die aus ihm resultierende Trauer für ein Elternteil übernimmt. Das Kind ist dann nicht frei, kann sich nicht entfalten und entwickeln, sondern ist gefangen in der Traurigkeit, die dem Elternteil gehört. Wer sich in einer solchen Verstrickung befindet, muss Leid und Emotionen dem- oder derjenigen geben, dem oder der sie gehören und diese Person muss sie nehmen. Nur dadurch kann die notwendige Befreiung entstehen. In einer Familienaufstellung kann dieser Akt vollzogen werden. Die Ordnung von Geben und Nehmen wird dabei wiederhergestellt. Sie muss zwischen den wahren Beteiligten entstehen.

Die Übernahme der Sühne für eine Schuld ist die dritte von Hellinger beschriebene Identifikationsproblematik. Dahinter steht nach Hellinger die „magische Vorstellung" (ebd., 158), durch eigenes Leiden anderes Leiden ausgleichen zu können. Leid und Schuld, die in einer Familie angerichtet wurden, verlangen nach Ausgleich. Den kann der Verursacher selbst vornehmen oder – wenn der es nicht tut – jemand anderer stellvertretend für ihn. Dieser Ausgleich kann und sollte, so Hellinger, allerdings nicht magisch geschehen, sondern durch die ehrliche Begegnung mit demjenigen, dem das Leid zugefügt wurde. Er oder sie wird nicht verlangen, dass dem Verursacher das Los eines gleichen Leids oder einer ungesühnten Schuld zufällt. Der Ausgleich geschieht durch Verantwortungsübernahme und Freisprechung. Das gilt sowohl für den Verursacher als auch für einen möglichen Vertreter, der sich mit ihm identifiziert. Der Vertreter kann vor allem dadurch befreit werden, dass der wahre Verursacher in seine Verantwortung eintritt. Dieser selbst wiederum kann durch die Begegnung mit demjenigen befreit werden, dem ein Leid zugefügt wurde. Die Familienaufstellung bietet die Möglichkeit, diese Lösungen zu vollziehen.

Für Bert Hellinger steht hinter all diesen Dynamiken letztlich Liebe – Liebe, die sich nicht angemessen ausdrücken kann: „Wenn man Familien anschaut, kann man sehen, dass die meisten schwerwiegenden Schwierigkeiten und Krankheiten in den Familien durch Liebe bedingt sind, aus dem geheimen Versuch heraus, mit Liebe andere zu retten oder sich mit ihnen zu verbinden. Die Krankheit und der Tod sind oft nur ein Mittel, um dieser Liebe Ausdruck zu geben“ (ebd., 162).

Krisen und Konflikte aus der Bindung an die Herkunftsfamilie

Für Hellinger ist die Lösung von der Herkunftsfamilie eine notwendige Entwicklung für jeden Menschen. Wenn sie nicht gelingt, wird es spätestens dann zu Konflikten kommen, wenn jemand eine Partnerschaft eingeht und eine neue Familie gründet. Die Ordnung sieht vor, wie oben dargelegt, dass die neue Familie Vorrang vor der Ursprungsfamilie hat. Die Bindungen dorthin haben zurückzustehen. Schwierigkeiten in der Paarbeziehung bzw. im Beziehungsgeflecht einer Familie können darauf zurückgehen, dass „beide Partner an ihre Herkunftsfamilie gebunden sind, und weil die Lösung von der Herkunftsfamilie nicht gelungen ist“ (ebd., 115). Die Grundhypothese lautet: Wer emotional noch verstrickt ist im eigenen Herkunftssystem, in nicht der Familienordnung entsprechend vollzogenen Beziehungen zu Eltern und Geschwistern, vielleicht in der Identifikation mit Ausgeschlossenen, ist nicht frei und gibt dem neuen System nicht den ihm gebührenden Vorrang. Darunter leidet und krankt dann dieses System.

Krisen und Konflikte aus der Missachtung des Vorrangs der Früheren

Was passiert, wenn frühere Partner bzw. frühere Partnerinnen in einer neuen Beziehung nicht anerkannt werden? Was passiert, wenn jüngere Geschwister die Ansprüche der früher Geborenen nicht respektieren und ihnen nicht den Vorrang geben? Was passiert, wenn Kinder den Vorrang der Beziehung der Eltern untereinander nicht respektieren? Und vielleicht noch vorher: Wie zeigt sich eigentlich, dass die jeweils geforderte Anerkennung, der notwendige Respekt und der angemessene Vorrang versagt werden?

Es geht bei diesen Ordnungen nicht um die Verteilung von Ressourcen, die Gewährung von Rechten, die Übernahme von Pflichten oder um andere pragmatische Rangordnungen. Für Hellinger geht es um die Liebe. Es geht für ihn darum, dass die Liebe sich offen zeigen kann, keine verdeckten, womöglich sogar krankmachenden oder tödlichen Formen annehmen muss, um sich zeigen zu können, dass Menschen, die lieben, frei nehmen und geben können, dass sie, ohne etwas zu wollen, annehmen und lassen können. Dazu müssen alle Beziehungen in ihrer faktischen Gegebenheit anerkannt werden. Es geht bei Hellingers Familienstellen ganz oft einfach darum, alles einmal so zu sehen, wie es einfach war oder ist. Die Fakten werden abgefragt: Gab es frühere Partner? War jemand schon einmal verheiratet? Gibt es Kinder aus dieser früheren Beziehung? Wie viele? Leben sie alle noch oder sind welche von ihnen verstorben? Wie viele Kinder gibt es in der aktuellen Beziehung? Gibt es Kinder mit einem oder mehreren anderen? Gibt es verstorbene Geschwister, Totgeborene, abgetriebene Kinder, Menschen, die sich das Leben genommen haben und so weiter. Das sind Fragen nach Tatsachen. All diese Fragen sollen ermöglichen, zu sehen, wer alles dazu gehört und die Ordnung nach Chronologie soll helfen, allen den ihnen gebührenden Platz zu geben. Nicht mehr und nicht weniger. Dann kann auch gesehen werden, was Menschen füreinander bedeuten und welche Bindungen es gibt. Die Bindungen in ihrer jeweils spezifischen Art und die Liebe in ihrer für die jeweilige Beziehung spezifischen Form können dann gesehen werden.

Das Nicht-Anerkennen der chronologischen Ordnung weist Personen entweder keinen oder einen falschen Platz im Familiensystem zu. Die Symptome, die dann auftreten, können vielfältig sein:

Anhaltende oder wiederkehrende Traurigkeit, fehlende Lebensfreude, Depression, Krankheiten, Tod. Dahinter steht, dass eine Bindung nicht wachsen oder auch nicht gelöst werden konnte oder kann, dass eine Liebe nicht entstehen und gelebt werden konnte oder kann. Jedem sein Recht geben, die Liebe, sei sie die heutige oder eine vergangene, zulassen und ihr ihre Bedeutung geben, das ist die Ordnung, die mit dem Vorrang der Früheren vor den Späteren letztlich aufrechterhalten werden soll. Am Beispiel der Folge von Partnerschaften lässt sich die Bedeutung dieses Prinzips im Denksystem Hellingers am einfachsten darlegen: Wer die frühere Frau oder Partnerin, den früheren Mann oder Partner aus einer späteren Partnerschaft heraus ablehnt, nicht sehen und zulassen will, dass es diese frühere Partnerschaft vorher gegeben hat und dass sie uneingeschränkt von der späteren Partnerschaft existierte und eine große Bedeutung für das Glück hatte, missachtet die Geschichte und verstört die heutige Liebe durch die Ablehnung der früheren. Der, dessen frühere Liebe abgelehnt wird, kann versuchen sie zu retten, indem er sich diese Liebe nicht ausreden, sie nicht schlechtmachen, sie sich letztlich also nicht nehmen lässt – auf Kosten der Anerkennung durch die spätere Partnerin. Er kann sich entscheiden, die frühere Liebe zu vergessen, zu leugnen, zu übergehen – auf Kosten seiner selbst und mit negativen Wirkungen auf seine Liebe in der späteren Beziehung. Nur die schlichte Anerkennung der früheren durch alle späteren Partnerinnen ermöglicht, sie in ihrem Wert zu respektieren und frei zu sein für die eigene heutige Beziehung.

2.2 Methodik der Aufstellungsarbeit und ihre Wurzeln

Ein Blick auf die wichtigsten konzeptionellen sowie praktischen und damit auch methodischen Traditionen, die Hellingers therapeutisches Arbeiten insgesamt und seine Entwicklung des Familienstellens prägen, macht deutlich, dass hier unterschiedlichste Schulen zusammenfließen: Gruppendynamik, Psychoanalyse, Primärtherapie, Transaktions- und Skriptanalyse, Hypnotherapie, Neuro-Linguistisches Programmieren und systemische Therapieansätze, insbesondere systemische Familientherapie – um nur die wichtigsten zu nennen. Zweifellos wird Hellingers eigene Arbeit mit Klientinnen und Klienten Elemente aus allen diesen Traditionen zu einem persönlichen Vorgehen verbinden. Die spezifische Arbeitsweise des Familienstellens und das besondere Verständnis der Familie als soziales System sui generis greift dabei vor allem auf Konzepte und auch auf Methoden der Gruppendynamik und der systemischen Familientherapie zurück.

In diesem Kapitel beschreiben wir die wesentlichen methodischen Säulen, die die Aufstellungsmethode kennzeichnen und machen dabei auch deutlich, auf welche methodischen Traditionen Hellingers Familienaufstellung sich vor allem stützt. Das hilft, die Besonderheiten dieser Methode herauszuarbeiten und zugleich aufzuzeigen, dass sie auf Modelle und Arbeitsweisen zurückgreift, die sich in etablierten therapeutischen Schulen bewährt haben, vielfach kritisch reflektiert und immer weiter verbessert wurden und damit eine sehr solide methodische Basis darstellen. Zugleich wird deutlich werden, welche eigenen Akzente Hellinger mit seiner spezifischen Methoden-Konstellation setzt. Wir halten diese Vorüberlegungen für wichtig und notwendig, weil sie uns erlauben, klar herauszuarbeiten, welche methodischen Aspekte der Aufstellungsarbeit sinnvoll auch auf Organisationsaufstellungen angewandt werden können und welche eher typisch für das Familienstellen sind.

Versuchen wir zunächst, die Merkmale der Methode des Familienstellens zu benennen. Aus diesen Merkmalen und ihrem Zusammenspiel in der praktischen Umsetzung ergibt sich das spezifische methodische Profil der Familienaufstellung.

Wir sehen sechs prägende Charakteristika der Aufstellungsmethode in der Tradition Bert Hellingers:

1. Aktualisierende Repräsentation
2. Öffnende Wahrnehmung

3. Objektivierende Stellvertretung

4. Involvierende Konfrontation

5. Abstrahierende Reflexion

6. Fokussierende Verbalisierung

Wir werden in den folgenden Abschnitten diese sechs Merkmale näher beschreiben und herausarbeiten, wodurch sich die Methode des Familienstellens und darauf basierend die Methode des Aufstellens insgesamt auszeichnet und sich auch von anderen Therapie- und Beratungsmethoden unterscheidet.

Die Bezeichnung dieser sechs Merkmale durch ein Substantiv und ein ihm zugeordnetes Partizip soll das Wesen des jeweiligen Charakteristikums ausdrücken. Im ersten Merkmal besteht das Wesen darin, dass in der Aufstellungsmethode ein System im Arbeitsraum der Aufstellung dargestellt, also repräsentiert und dabei zugleich vergegenwärtigt wird. Das zweite Charakteristikum verweist auf den besonderen Stellenwert der absichtslosen Wahrnehmung, die die Beteiligten für das öffnet, was in der Aufstellung erkennbar werden kann. Der Besonderheit der Arbeit mit Stellvertretern in der Aufstellungsmethode widmet sich das dritte Merkmal. Diese Arbeitsweise ermöglicht es vor allem denjenigen, die ihr System aufstellen, es sich, einschließlich ihrer selbst, von außen anzuschauen. Zugleich erlaubt es unterschiedlichen Perspektiven auf dasselbe System, Ausdruck zu finden. Zur Aufstellungsmethode gehört regelhaft auch, dass diejenigen, die ihr System aufstellen, irgendwann selbst in die Aufstellung eintreten und ihre eigene Position selbst einnehmen. Diese Erfahrung lässt sie die Einbindung direkt spüren und konfrontiert sie mit deren Wirkungen. Aufstellungserfahrungen, so das fünfte Wesensmerkmal, sollten reflektiert und nicht kommentarlos stehengelassen werden. Schon im Verlauf einer Aufstellung werden sie besprochen und ihre zentralen Hinweise aufgedeckt. Schließlich wird im sechsten methodischen Merkmal auf die sehr spezifische Weise hingewiesen, in der im Rahmen von Aufstellungen durch die Aufstellungsbegleitung zentrale Erfahrungen und auch Konsequenzen aus der Aufstellung in möglichst prägnant formulierten Sätzen festgehalten und ausgesprochen werden.

2.2.1 Aktualisierende Repräsentation

Der Kern der Aufstellungsmethode ist die Abbildung bzw. Darstellung des jeweils in Rede stehenden Systems. Zur Abbildung werden Personen und/oder Gegenstände genutzt, die für die zur Abbildung ausgewählten Systemelemente stehen. Die klassische Konstellation ist die Arbeit in und mit einer Gruppe von Personen. Therapeutische oder beratende Einzel- oder Paararbeiten haben sich darüber hinaus als mögliche Settings entwickelt und etabliert.

Familientraditionen, die generationenübergreifende Dynamik im Familiensystem und die besondere Verbindung der Familienmitglieder zur Familie sowie das Beziehungsnetz, das sich daraus ergibt, sind komplexe Zusammenhänge, die sich über lange Zeit entwickeln und die sich im Verlauf ihrer Genese und Existenz an sehr unterschiedlichen Orten realisieren. Analoges gilt für andere Systeme, die über die Zeit und an verschiedenen Orten existieren und sich entwickeln. Die Aufstellungsmethode tritt an, um solche Systemkonstellationen einzufangen und in ihrem Kern wiederzugeben: Sie sollen innerhalb der raumzeitlichen Begrenzung des Aufstellungsgeschehens, üblicherweise auf überschaubaren Quadratmetern und in Zeiträumen von 30–90 Minuten, angemessen repräsentiert werden.

Es hat bereits vor Hellinger methodische Ansätze in anderen Schulen gegeben, an die er anknüpft. Genau wie in der Familienaufstellung ist das Ziel auch dieser Vorläufer, ein System, eine soziale Konstellation, eine Problementwicklung und -gestalt im Rahmen des therapeutischen oder beratenden Settings abzubilden bzw. darzustellen. Maßgeblichen Einfluss hatten dabei insbesondere die methodischen Entwicklungen von Jakob Moreno (1892–1974) und Virginia Satir (1916–1988).

Morenos Name ist vor allem mit der Psychodrama-Arbeit verbunden, einer repräsentierend-aktionsorientierten Methode der Psychotherapie. Die inneren Bilder von Klienten werden mithilfe von Personen bzw. Gegenständen im Rahmen der Therapie oder Beratung dargestellt. Im Verlauf eines Psychodrama-Prozesses werden diese nun im Raum sichtbaren inneren Bilder mithilfe einiger spezifischer Arbeitsweisen wie dem ‚Spiegeln' und ‚Doppeln' sowie durch Feedbackprozesse zwischen den Beteiligten und dem

Klienten vertiefend reflektiert. Klienten können so ihr eigenes Erleben anschaulich machen und sich, gestützt auf die Hilfe des Beratenden bzw. des Therapeuten und dessen Interventionen, darauf konzentrieren, diejenigen Elemente und Dynamiken zu identifizieren, die für die Schwierigkeiten, mit denen sie zu tun haben, eine wichtige Rolle spielen. Das Psychodrama arbeitet „ebenso wie die Aufstellungsarbeit mit einer doppelten Realität. Der Protagonist ist sowohl in der Szene als auch ihr Zuschauer. Im Psychodrama vermischen sich diese beiden Realitätsebenen stärker, während sie in der Aufstellungsarbeit deutlicher getrennt werden, insofern der Protagonist erst im zweiten Teil der Arbeit in das von ihm gestellte Bild hineintritt" (König 2004, 140). Hellinger, der seine Arbeit auf Familiensysteme konzentriert, stützt sich dabei, wie oben dargestellt, auf sehr dezidierte Konzepte zu Familien und deren Funktionsweisen. Moreno hat nicht explizit Familiensysteme als Gegenstand der Arbeit im Visier und formuliert auch keine spezifischen Konzepte zu Familiensystemen und deren Besonderheiten. Sein Einfluss auf Hellinger besteht vor allem darin, methodische Ansätze entwickelt zu haben, in denen mit Hilfe der raumzeitlichen Darstellung von Lebensgefügen und Beziehungskonstellationen deren Reflexion und Bearbeitung möglich wird.

Virginia Satir nutzt ebenfalls Morenos methodische Ansätze, teilt, anders als dieser, mit Hellinger aber die Konzentration der therapeutischen Arbeit auf familiäre Strukturen und Zusammenhänge. Sie verbindet ihre methodischen Innovationen mit den theoretischen Modellen und Interventionskonzepten der Familientherapie und transferiert sie, von dort ausgehend, immer mehr in die gruppendynamische Arbeit (vgl. insgesamt die Darstellung bei König 2004, 142 ff.). Hellingers Arbeit lässt Bezüge zur Methode der Familienskulptur erkennen, mit der der Name Satirs eng verbunden ist. Auch Familienskulpturen sind Formen der Darstellung familiärer Konstellationen innerhalb der raumzeitlichen Begrenzungen des therapeutischen Settings. Bei der Entwicklung einer Familienskulptur geht es darum, vor allem die Kommunikations- und Interaktionsmuster der Mitglieder einer Familie für alle beteiligten Familienmitglieder sichtbar zu machen und auch herauszuarbeiten, welche unterschiedlichen Bilder und Vorstellungen die einzelnen von den Beziehungen und der Kommunikation in der Familie haben. Satir arbeitete – zumindest zunächst – mit tatsächlichen Familien, die als solche im therapeutischen bzw. beratenden Setting anwesend waren. Die Arbeit mit Personen, die nicht gemeinsam einer Familie angehören, entwickelte sich bei ihr später im Zusammenhang ihrer Konzepte und Methoden der sog. Familienrekonstruktion.

Die eigentliche Besonderheit der Repräsentation, wie sie sowohl in den methodischen Ansätzen Morenos und Satirs als auch in Hellingers Aufstellungsmethode beschrieben wird, besteht darin, dass es jeweils um aktualisierende Repräsentationen geht. Das Familiensystem bzw. die in Rede stehende Konstellation wird nicht nur gezeigt. Sie wird präsent. Sie ist durch den Vollzug der Repräsentation im Raum und wird nicht nur sichtbar, sondern erlebbar.

An diesen Anspruch und an die entsprechende tatsächliche Erfahrung vieler Teilnehmer und Leiter von Aufstellungen knüpfen sich sehr weitreichende Annahmen und Mutmaßungen über die Methode der repräsentierenden Darstellung in Aufstellungen.

„Aufstellungen sind das Medium, durch das sich Systeme, gleich welcher Art und Beschaffenheit, in ihrer ganzen Komplexität vermitteln" (Hartung 2014, 12). Diese Standortbestimmung dazu, was Aufstellungen sind, ist ebenso prägnant und kurz wie grundlegend und weit. „Systeme sprechen eine eigene, eine systemische Sprache. Aufstellungen offenbaren die Sprache der Systeme – sie sind deren Medium" (ebd., 14). Stephanie Hartungs Charakterisierung der Aufstellungsarbeit klingt nach einer fast autonomen, vom verstehenden Subjekt unabhängig funktionierenden, sein Auffassungsvermögen unterlaufenden und zugleich übersteigenden Methode. Hier ist es notwendig, die Frage nach dem Stellenwert rationaler Erkenntnis im Kontext von Systemaufstellungen zu stellen. Einerseits scheint man tatsächlich den Verstand nutzen zu können, um zu verstehen, was sich in einer Aufstellung zeigt, andererseits wird immer wieder betont, dass hier etwas geschehe, das rationales Verstehen übersteige: „In systemischen Aufstellungen beobachten wir mit größter Regelmäßigkeit ein Phänomen, über das wir auch nach jahrelanger Praxis immer wieder zu Recht ins Staunen geraten. Denn offensichtlich verfügen wir in Aufstellungen als Repräsentanten gemeinsam über eine Form der Wahrnehmung für die Beziehungsstrukturen des dargestellten Systems. Es handelt sich dabei um eine Art von Wahrnehmung, über die wir offenbar nur als Mitglieder eines repräsentierenden

Systems verfügen, und die uns außerhalb der Aufstellung als Einzelpersonen nicht zugänglich ist“ (Varga von Kibéd 2000, 16).

In den Augen vieler Teilnehmenden und Beobachtenden ist das Aufsehenerregende an der Aufstellungsmethode in der Tat die vielfach beschriebene mediale Fähigkeit von Stellvertreterinnen, Dinge zu sehen und zu berichten, von denen sie keine Kenntnis hatten, bevor sie in die Aufstellung gingen, ja sogar Dinge, die die Klientin über ihr eigenes Familiensystem noch gar nicht wusste. Hellinger beschreibt das Phänomen ebenfalls: „Dieses Kraftfeld [der Aufstellung] ist in Verbindung mit anderen Kraftfeldern, zum Beispiel mit der wirklichen Familie. Deswegen können die Stellvertreter, wenn sie da hineintreten, fühlen wie die wirklichen Personen“ (Hellinger 2007, 197).

Auch in das Feld der Organisationsaufstellungen wird das geheimnisvolle Wesen dessen, was in Aufstellungen geschehe, übertragen. Gunthart Weber (Weber 2016, 39) schreibt: „Die Stellvertreter bekommen an ihren Plätzen auf unerklärliche Weise Zugang zu Informationen über das aufgestellte System (oft auch über Ereignisse aus dessen Geschichte), die aus der Außenperspektive nicht zu erschließen sind.“

All diesen Darstellungen gemeinsam ist die anscheinende Unerklärlichkeit, die dem spezifischen Phänomen anhaftet, dessen man in Aufstellungen regelmäßig gewahr werde. Offen bleiben dabei die Fragen: Warum und wodurch ist uns im repräsentierenden System Wissen – und sei es in Form von Körperempfindungen – zugänglich, das wir außerhalb dieses Systems nicht haben? Wie verbindet sich ein Aufstellungskraftfeld mit dem Kraftfeld der wirklichen Familie oder der Organisation, die aufgestellt wird? Und wie teilen sich dabei die Gefühle der wirklichen Personen ihren Stellvertreterinnen mit? Soweit scheint unter vielen Teilnehmenden, Beobachtenden und Denkenden einmütiger Konsens zu herrschen: Die Gefühle teilen sich mit, die Kraftfelder kommunizieren, die Wahrnehmung ist offen für Einsichten aus einem fremden System. Wie das aber geschieht, ist nach wie vor Gegenstand von Erklärungsversuchen und Diskussionen.

Insbesondere, wenn Aufstellungsarbeit als seriöse Methode in Organisationen etabliert und genutzt werden soll, muss sie rational nachvollziehbar sein und kann weder an Glaubenssätzen hängen noch an geheimnisvollen Geschehnissen. Allen Erklärungsversuchen für das Geheimnis, das sich in Aufstellungen regelmäßig zeige, liegt – logischerweise – die Annahme zugrunde, dass es überhaupt ein Geheimnis gibt. Nehmen wir aber einmal an, es passiere gar nichts Geheimnisvolles, stellen sich andere, viel nüchternere Fragen.

Worauf also gründet sich die Annahme dieses Geheimnisses? Nach Auskunft vieler Aufstellungstheoretiker und -praktiker sind insbesondere die Stellvertreterwahrnehmungen in Aufstellungen der Beleg für das Geheimnis. Sie haben, so die geteilte Auffassung, sobald sie als Stellvertreter in einer Aufstellung agieren, an Informationen teil, von denen sie außerhalb der Aufstellung nichts wissen. Sie sagen Dinge über die aufgestellten Personen und das aufgestellte System, die nach Auskunft Wissender (in der Regel der Person, die eine Aufstellung macht) zutreffend sind, ohne, dass sie vorher berichtet wurden.

Wird allerdings mit gleicher Aufmerksamkeit beobachtet, wie oft Stellvertreter Dinge über aufgestellte Systeme und Personen äußern, die nicht stimmen? Was bedeutet es, dass sie nur manchmal, beileibe aber nicht durchgängig oder gar ausschließlich ihnen eigentlich unbekannte Informationen zutreffend wiedergeben? Welche Informationen gibt es noch, die sie aber nicht sehen und wiedergeben? Und warum sehen sie zwar die einen Informationen, die anderen aber nicht? Wenn Stellvertreter mit dem System so verbunden sind, dass sie die systemischen Zusammenhänge erkennen können, warum bleiben diese dann doch fehlerhaft? Diese Fragen irritieren die Annahme einer tatsächlichen, Informationen vermittelnden Verbundenheit der Stellvertreter mit den stellvertretenen Personen und dem repräsentierten System. Handelt es sich nur um eine partielle, irgendwie limitierte Einsicht in das System? Das würde ja erklären, dass nur bestimmte, bei weitem aber nicht alle Informationen verfügbar sind, und dass sich Stellvertreter eben auch mal irren können und Dinge behaupten, die belegbar nicht zutreffen oder schlicht nicht belegbar sind.

Die hier zugrunde liegende Logik scheint die folgende zu sein: Wenn Stellvertreter etwas äußern, das im System zutreffend ist, wird das als Beleg ihres Zugangs zu Systeminformationen gewertet. Wenn sie aber etwas äußern, das im System nicht zutrifft, oder wenn sie etwas Zutreffendes, vielleicht sogar für die Problemlage

Wichtiges nicht äußern, wird das umgekehrt nicht als Beleg dafür gewertet, dass sie diesen Zugang nicht haben.

In der Tat erscheint es dringend erforderlich, die Fähigkeit der Repräsentation in Aufstellungen, das Dargestellte im Hier und Jetzt nicht nur abzubilden, sondern erlebbar zu vergegenwärtigen, auf nüchterne und nachvollziehbare Weise zu erklären.

Wir werden darauf insbesondere bei der Darstellung der ‚objektivierenden Stellvertretung' als methodisches Charaktermerkmal der Aufstellungsarbeit noch zurückkommen.

2.2.2 Öffnende Wahrnehmung

Ein sicherlich wichtiges Merkmal der Aufstellungsmethode besteht darin, dass die beteiligten Personen explizit aufgefordert werden, sich vorrangig ihren Wahrnehmungen zuzuwenden und das Denken, insbesondere Deutungen, Einordnungen, Interpretationen des Empfundenen bzw. Gesehenen, hintanzustellen. Diese Wahrnehmungsorientierung wird nochmals spezifisch qualifiziert durch eine hohe Aufmerksamkeit auf die Wahrnehmung des eigenen Körpers im Vollzug einer Aufstellung. Insbesondere Stimmungen und Emotionen, die mit körperlichen Reaktionen einhergehen, sollen sehr bewusst wahrgenommen werden. Durch die Assoziation solcher Stimmungen und Emotionen mit der Positionierung im Aufstellungsraum wird dann die räumliche Dimension als Sensorium und zugleich als Ausdrucksmittel für Beziehungskonstellationen im dargestellten System genutzt.

In der Aufstellungsarbeit werden Stellvertreterinnen entweder an einen bestimmten Platz im Raum gestellt oder sie suchen sich diesen Platz selbst. Vielfach wird beides kombiniert: zunächst werden sie hingestellt, im weiteren Verlauf der Aufstellung verändern sie ihre Position. Egal wie genau vorgegangen wird, die Positionierung im Arbeitsraum ist eine der wichtigsten Ausdrucksformen im Rahmen von Aufstellungen. Wo nun für jemanden genau der richtige Platz ist und ob sich diese Zuordnung im Verlauf einer Aufstellung für Stellvertreterinnen ändert, sollen sie, so werden sie instruiert, vorrangig an ihren Körperwahrnehmungen ausrichten. Empfindungen wie Kälte, Wärme, Muskelanspannung bzw. -entspannung, schmerzhafte Empfindungen und vieles mehr sollen aufmerksam wahrgenommen und aus ihnen Impulse für die Suche nach der Position im Raum abgeleitet werden, die jeweils passend erscheint. Das ist ein extrem subjektiver Prozess. Die Aufstellungsmethode verlässt sich an dieser Stelle voll und ganz auf die Stellvertreterwahrnehmung.

Die Wahrnehmung körperlicher Spannung oder Belastung vs. Entspannung und Entlastung weist den Beteiligten den Weg zu einer erforderlichen Positionierung oder Bewegung, zu einer Veränderung der Platzierung im System. Die Wahrnehmung vor, während und nach einer Positionierung bzw. Neupositionierung ermöglicht im Weiteren, ausdrücken zu können, wie sich Positionen im System für Betroffene unterscheiden und welche Wirkungen sie auf sie haben.

Bert Hellinger findet, wie vielfach, eher poetische als wissenschaftliche Worte um diesen Teil seiner Methode zu erläutern: „sobald die Stellvertreter in der Aufstellung stehen, fühlen sie wie die Personen, die sie darstellen. Manchmal sogar auf dramatische Weise, sie bekommen zum Teil sogar die Körpersymptome. [...] es kommt etwas durch die Aufstellung ans Licht, und ich stelle mich dem, was ans Licht kommt, wie es ist. Es ist also im Grunde eine sehr zurückhaltende Methode“ (Hellinger 2007, 189f.). Hellinger beschreibt hier, warum es unabdingbar zu seiner Methode gehört, dass die Wahrnehmung der Deutung vorausgeht: Er unterstellt eine eigenständige Dynamik im Aufstellungsgeschehen, die darin besteht, dass die Kräfte, die das familiäre System tatsächlich bestimmen, auch die Aufstellung bestimmen. Das allerdings kann man seiner Auffassung nach zunächst nur spüren und nicht theoretisch herleiten und im zweiten Schritt eher tastend beschreiben als deduktiv entschlüsseln. Darin gründet der besondere Stellenwert der Wahrnehmung in Hellingers Methode. Sie öffnet für die Einsicht in die tieferen Strukturen: „Aus dem, was ans Licht kommt, ergeben sich dann die einzelnen Schritte zu einer Lösung, wenn es eine Lösung gibt. Ich arbeite mit den Kräften, die sich in dem System, in der Familie zeigen, mit den guten Kräften. Die versuche ich zu mobilisieren und für den Klienten nutzbar zu machen“ (ebd., 190). Die Aufstellungsarbeit ist für Hellinger im Kern ein Verzicht: Verzicht auf Deutung, Verzicht auf Manipulation und Intervention, Verzicht auf Interessen. „Das Entscheidende bei dieser Art von Arbeit ist, dass der Therapeut ziemlich unwichtig ist. Denn das, was wirkt oder etwas bewirkt, ist nicht der Therapeut. Es ist eine Wirklichkeit, die sichtbar geworden ist. Deswegen ist das hier auch eine sehr demütige Arbeit. Und es ist eine Arbeit und Vorgangsweise, an die man nicht zu glauben braucht. Man schaut hin und sieht, so ist es“ (ebd., 191).

Die Unbedingtheit, mit der Hellinger seiner Methode vertraut, hat etwas Beeindruckendes und verführt dazu, ihr als einem durch Authentizität und Autorität bekräftigten Argument beizupflichten. Aber Hellinger zu glauben ist das eine, seine Darstellung auch nachvollziehbar zu erläutern und zu begründen das andere.

Nicht zuletzt die in Kapitel 3 dargestellten Impulse der konstruktivistischen und hermeneutischen Perspektive auf Wahrnehmungs- und Interpretationsprozesse machen deutlich: Die menschliche Wahrnehmung ist nicht unabhängig. Sie ist nicht per se dem Einfluss von Interessen und Zielen entzogen. Sie bezieht sich immer auf Reizkonstellationen, in denen in einer Situation oder Konstellation die einen Dinge nach vorne treten, andere zurückstehen und in der nächsten Situation oder Konstellation die anderen.

Andererseits stellt sich der empirischen Wissenschaftlerin sehr schnell die Frage: Nehmen unterschiedliche Stellvertreterinnen an denselben Positionen tatsächlich dasselbe wahr? Verläuft eine Aufstellung, die für Person A mit einer bestimmten Gruppe von Stellvertreterinnen an einem bestimmten Tag und Ort vollzogen wird, genauso ab, wie mit einer anderen Gruppe von Stellvertreterinnen an einem anderen Tag? Wäre das die notwendige Bedingung für die Anerkennung der Aufstellungsmethode als nachvollziehbar und empirisch bestätigt: Dass sie replizierbare Ergebnisse befördert? Die sozialwissenschaftliche Methodenlehre verlangt eben dieses. Um die über den Einzelfall hinausgehende Gültigkeit einer Theorie insgesamt oder eines theoretischen Konstrukts anzuerkennen, bedarf es wiederholter Prüfungen mit stabilen Ergebnissen.

Aus unserer Sicht ist mehr erforderlich als die Authentizität und ggf. auch Autorität des Begründers einer Methode, um für ihren Einsatz zu plädieren. Was spricht aus unserer Sicht also dafür? Es sind im Kern drei Überlegungen:

- Erstens fußt Hellingers Methode, ganz unabhängig von persönlichen Mutmaßungen und Annahmen, die er hier noch einflicht, auf einer Tradition psychotherapeutischer und gruppendynamischer Methoden, die sich über einen langen und intensiven wissenschaftlichen Diskurs entwickelt haben, geschärft wurden und bis heute Bestand haben. Die wesentlichen Wirkmechanismen der Aufstellungsmethode hat sie mit bewährten Methoden, aus denen sie entstanden ist, gemeinsam. Dadurch wird die Annahme ihrer Brauchbarkeit gestützt.
- Zweitens erscheint es uns als Stärke der Methode, dass sie darauf ausgelegt ist, nicht schnell aus bestehenden Denkmustern, Vorannahmen und Hypothesen heraus Zusammenhänge zu analysieren und zu bewerten, sondern sich bewusst von diesen zu distanzieren. Die Ausrichtung auf die körperliche Präsenz und die körperorientierte Wahrnehmung ermöglicht einen anderen Blick auf Zusammenhänge. Dieser andere Blick hat weder das Recht noch den Impuls den analytischen und mit logischem Denken erarbeiteten Blick auf dieselben Zusammenhänge zu ersetzen. Aber er ermöglicht eine Erweiterung der Perspektiven und neue Einsichten.
- Drittens sind aus unserer Sicht die Erfahrungen vieler Menschen, die Aufstellungen für eigene Fragestellungen vollzogen und/oder als Stellvertreterinnen erlebt haben, wichtige Hinweisgeber für die Bewertung der Methode. Diese Erfahrungsberichte bestätigen immer wieder die Klarheit und Kraft, mit der Aufstellungen es ermöglichen, Zusammenhänge tiefer, differenzierter und aus anderen Blickwinkeln zu betrachten. Sie machen deutlich, dass Aufstellungen dabei helfen, die eigene Einbindung in ein System besser zu verstehen, sich ihm gegenüber bzw. in ihm neu positionieren und Herausforderungen besser bewältigen zu können.

Insgesamt erscheint uns der Fokus auf die öffnende Wahrnehmung als ein wichtiges und konstitutives Charakteristikum der Aufstellungsmethode.

Es unterscheidet sie von anderen Arbeitsformen im beratenden oder therapeutischen Kontext und macht einen Teil ihrer Stärke aus.

2.2.3 Objektivierende Stellvertretung

Der raumzeitlich durch das Aufstellungssetting vorgegebene Rahmen definiert das Aufstellungsfeld. In dieses Feld werden von dem Aufstellenden, in der Regel begleitet von der Aufstellungsleitung, Personen und/oder Gegenstände gestellt, die Systemelemente repräsentieren. Es gibt auch Vorgehensweisen, in denen Stellvertreter lediglich benannt werden, sich ihre Position im Aufstellungsfeld aber von vornherein selbst suchen. Im Verlauf der Aufstellung können Stellvertreter, moderiert durch die Aufstellungsleitung, ihre Positionen verändern und sich auch zueinander verhalten. Aus dem Aufstellungsverlauf kann sich ebenso ergeben, dass einzelne Stellvertreter das Feld wieder verlassen und/oder andere dazukommen, wenn der Aufstellende und/oder der Leiter der Aufstellung das für erforderlich oder hilfreich halten. Der Aufstellende selbst bleibt in der Regel zunächst außerhalb des Feldes und geht erst zu einem bestimmten Zeitpunkt in die eigene Aufstellung hinein. Der richtige Zeitpunkt dafür ergibt sich aus dem Aufstellungsverlauf. Ihn genau zu bestimmen, obliegt in der Regel der Aufstellungsleitung.

„Die Stellvertreter, die ausgewählt werden, stellen sich zur Verfügung. Das ist eine Dienstleistung an dem Klienten“ (ebd., 189). Diese Charakterisierung ihrer Rolle erscheint sehr treffend. Es geht bei der Stellvertretung absolut nicht um das jeweils eigene Leben und eigene Fragestellungen der Personen, die in der Aufstellung bestimmte Systemelemente repräsentieren. Es geht darum, sich als Stellvertreter möglichst weitgehend von eigenen Gedanken und Fragen zu lösen und sich ganz auf den übernommenen Part einzulassen. Dabei ist die Unterscheidung zum Rollenspiel extrem wichtig. Es gibt hier kein abzuarbeitendes Skript, keine zu erledigende Aufgabe, keine zu erfüllende Rolle. Stellvertreter in Aufstellungen steigen in das fremde System ein und lassen sich auf die Wahrnehmungen ein, die sie darin haben. Sie dürfen und sollen sich ihrer subjektiven Sicht und ihrer Selbstwahrnehmung in der Konstellation, in der sie sich befinden, anvertrauen und ihr folgen.

Es ist fester Bestandteil der Aufstellungsmethode, dass Stellvertreter im Verlauf der Aufstellung immer wieder einmal zu ihren Wahrnehmungen körperlicher und emotionaler Art befragt werden. Diesen Dialog mit Stellvertretern sollte ausschließlich der Aufstellungsleiter führen. Er steuert dann auch das Gespräch über diese Rückmeldungen mit demjenigen, dessen Aufstellung gerade vollzogen wird.

Das Besondere an dieser Arbeitsform besteht darin, dass zunächst der Aufstellende nicht selbst Teil des Geschehens in der Aufstellung ist, sondern sie beobachtet. Die Möglichkeit, sich selbst im eigenen System vertreten zu lassen und von außen wahrzunehmen bietet eine neue Perspektive an. Die Stellvertretung ermöglicht den externen Blick, der im Alltag nicht oder nur viel schwieriger möglich ist. Die Befragung der Stellvertreter zu ihrer jeweiligen Position und den dort entstehenden Wahrnehmungen ermöglicht den Perspektivenwechsel. Es wird deutlich leichter, auch deren Verständnis und Sichtweisen nachzuvollziehen und einzuordnen. Auch die Auseinandersetzung mit eigenen Reaktionsmustern, die durch die/den eigenen Stellvertreter anschaubar werden, ist ein wichtiger Nutzen dieses methodischen Arrangements. Es findet eine Objektivierung der eigenen Sicht und des eigenen Erlebens statt.

Es gibt auch die Konstellation, dass in einer Aufstellung tatsächlich die Personen stehen, die zum System gehören, also die Familie selbst oder – bei Aufstellungen in Organisationen – das Managementteam oder die Projektgruppe selbst. Häufig stehen dann nicht Systemdynamiken für eine bestimmte Person in Frage, sondern die Gesamtdynamik der Familie bzw. des Teams in der

Wirkung auf alle Beteiligten ist die Perspektive, die eingenommen werden soll. Auch hier lassen sich Spielarten der Stellvertretung gestalten. Beispielsweise können Personen andere als die eigene Position einnehmen und so den Perspektivenwechsel erleben. Oder einzelne Personen bleiben außen vor und blicken von außen auf die Szene. Wenn entsprechende Personen zur Verfügung stehen, können dann auch hier diejenigen, die von außen auf das System schauen wollen, darin von anderen vertreten werden.

Wie oben bereits angesprochen, wird die Stellvertreterwahrnehmung in Aufstellungen vielfach als das eigentlich Besondere an dieser Methode erlebt und beschrieben. Die Fähigkeit erscheint außergewöhnlich, sich so tief und differenziert in ein fremdes System einzufinden, dass Wahrnehmungen und Empfindungen es einem ermöglichen, die Systemdynamik in ihrer Wirkung auf die stellvertretene Person – oder auch auf unpersönliche Systemelemente – darzulegen. Wir halten fest:

Die Stellvertretung als Element der Aufstellungsarbeit ist eine feste und sehr wichtige methodische Säule, auf der die Kraft und Wirkung von Aufstellungen ruht.

Dabei erscheint uns die Frage nach der Möglichkeit der Erkenntnis aus einer Stellvertreterposition heraus in das dargestellte System hinein durchaus berechtigt, in der Diskussion über Aufstellungen aber zuweilen etwas zu präsent.

Stellvertretende Wahrnehmung

Wie sind solche präzisen Wahrnehmungen und Erkenntnisse der Stellvertreter zu einem ihnen in der Regel unbekannten Sachverhalt überhaupt möglich? Ganz grundsätzlich darf man davon ausgehen, dass nicht alle Phänomene, die sich zwischen Menschen abspielen, hinreichend verstanden und erklärt werden können. Dennoch halten wir den Rückgriff auf Erklärungen wie ‚Seele', ‚Gewissen' oder „wissendes Feld" für wenig hilfreich. Zum einen verschleiern sie faktisch mehr als sie klären. Zum anderen transportieren sie insbesondere im Organisationskontext einen untergründig esoterischen Ton, der in der Regel als unseriös empfunden wird. Ohne uns selbst auf grundsätzliche Weise in diese Diskussion über die Wirkursachen der Stellvertreterwahrnehmung einmischen zu wollen, möchten wir doch auf drei Faktoren hinweisen, die entweder leicht nachvollziehbar oder aber inzwischen wissenschaftlich validiert sind. Sicherlich wird es auch künftig noch weitere wissenschaftliche Forschungen zu den Wirkprinzipien der Stellvertreterwahrnehmung geben. Unseres Erachtens genügt aber hier der Verweis auf diese drei Faktoren, um deutlich zu machen: Stellvertretende Wahrnehmung ist ein sehr normales, alltägliches und gut erklärbares Phänomen, das nur in der Aufstellungsarbeit methodischer und systematischer genutzt wird, als das ansonsten der Fall ist.

(1) Eigene Erfahrungen und spezifisches Vorwissen
Stellvertreter bringen ihre eigene Geschichte, ihre Erfahrungen und ihr Vorwissen mit in die Aufstellung. Sie hören deswegen die Beschreibung einer Situation oder eines Systems nicht einfach neutral und unbeteiligt. Sie sind keine *tabula rasa* oder leere Leinwand, sondern lassen ihr eigenes Wissen und ihre Erfahrungen in ihre Wahrnehmung der beschriebenen Situation einfließen. Dieser Koppelungs- und Bewertungsvorgang ist unvermeidbar und geschieht in der Regel automatisch und unbewusst. In Familienaufstellungen ist dieses Phänomen unmittelbar verständlich, da jeder Mensch auf eigene Familienerfahrungen zurückgreifen kann und diese automatisch einfließen lässt. Wir verfügen aber nicht nur über Erfahrungen und Vorwissen mit Familiensystemen, sondern mit vielfältigen anderen sozialen Gebilden oder Systemen: Kindergarten, Freundeskreisen, Schulen, Jugendgruppen, Sportvereinen, Nachbarschaften, Yogagruppen, Teams, Abteilungen oder Projektgruppen am Arbeitsplatz ... Menschen sind soziale Wesen. Sie bilden ständig und überall soziale Systeme. Sie verfügen deswegen über ein lebenslang erworbenes Wissen, wie soziale Systeme funktionieren. So wie die Teilnehmer an Familienaufstellungen sich unmittelbar in das aufgestellte Familiensystem hineinfühlen können, weil sie auf eigene Erfahrungen mit Familiensystemen zugreifen können, aktivieren auch die Teilnehmer in Organisationsaufstellungen ihr Erfahrungswissen über die Dynamik und Funktionsweise sozialer Systeme und sind deswegen in der Lage, sich auch in fremde Organisationen hineinzudenken und einzufühlen. Das Wissen, das sie dabei nutzen, hat sehr unterschiedliche Quellen: Es mag sich um über viele Jahre angesammelte Lebenserfahrung handeln. Oder aber um Informationen, die sich aus der im Rahmen der Aufstellung geschilderten Situation ergeben. Gerade bei Aufstellungen in Organisationen fließen aber auch die vielfältigen Organisationskenntnisse der Anwesenden ein. Wer in

Organisationen tätig ist, entwickelt in der Regel differenzierte Annahmen über Führung und Macht, über Strukturen, Prozesse und Gruppendynamiken in Organisationen.

(2) Empathie
Menschen verfügen über die Fähigkeit, sich in die Körperempfindungen, Gefühle und Gedanken anderer hineinzuversetzen und diese oftmals sehr präzise nachzuvollziehen. Stellvertreter in Aufstellungen nutzen diese Fähigkeit sehr bewusst und intensiv und stellen ihre Wahrnehmungen den anderen Teilnehmern zur Verfügung. Die jüngere Hirnforschung hat durch bildgebende Verfahren, die es ermöglichen, das Gehirn bei seiner Arbeit zu beobachten, mit den Spiegelneuronen (*mirror neurons*) eine wichtige hirnphysiologische Grundlage für die Empathie entdeckt (Rizzolatti, Sinigaglia 2008). Wenn wir beispielsweise eine bestimmte Bewegung ausführen (z. B. eine Tasse heben und zum Mund führen), ‚feuern' die dafür zuständigen Neuronen im Gehirn, d. h. sie geben elektrische Impulse weiter. Die Entdecker der Spiegelneuronen stellten fest, dass dieselben Neuronen auch dann feuern, wenn wir einen anderen Menschen dabei beobachten, wie er eine Tasse zum Mund führt. Der gleiche Vorgang ereignet sich, wenn wir Gefühlsäußerungen anderer Menschen wahrnehmen. Spiegelneuronen werden deswegen auch herangezogen, um das Phänomen der sog. ‚Gefühlsansteckung' zu erklären. Der evolutionäre Grund für die Entwicklung von Spiegelneuronen ist vermutlich, dass sie uns helfen, Körpersprache und Gefühlsäußerungen anderer Menschen angemessen zu deuten. Spiegelneuronen gehören zu unserer biologischen Grundausstattung und funktionieren unbewusst. Sie helfen uns, das Verhalten anderer zu antizipieren, den weiteren Verlauf von Situationen einzuschätzen (Wird mein Gegenüber rechts oder links an mir vorbeigehen?) und die Gefühle anderer Menschen präzise wahrzunehmen und einzuordnen (Keysers 2013). Neurobiologisch sind wir perfekt dafür ausgestattet, andere Menschen und soziale Systeme durch Empathie zu verstehen.

(3) Raumwahrnehmung
In Aufstellungen wird nicht nur gesprochen, sondern der ganze Organismus genutzt. Üblicherweise erfahren die Körperwahrnehmungen der Stellvertreter eine große Aufmerksamkeit und werden vom Aufstellungsleiter eingehend abgefragt. Wie fühlt es sich an, hier zu stehen? Was spüren Sie jetzt gerade? Wo spüren Sie das und was löst es bei Ihnen aus? Für viele Teilnehmer an Aufstellungen ist dieser sehr ausdrückliche Fokus auf das eigene Körperempfinden anfangs ungewohnt, manchmal sogar unangenehm oder peinlich. Wir sind gewohnt, unsere Gedanken ernst zu nehmen und neigen dazu, Kognition höher zu bewerten als Emotion und Körperempfinden. Dabei stellen einfache physische Selbstbeobachtungen sehr oft äußerst wich-

tige Informationen für das Aufstellungsgeschehen bereit. Stellvertreter können beispielsweise in einer bestimmten Position einer Aufstellung Unruhe, Zittern, Unwohlsein, Druck auf der Brust, Kraftlosigkeit oder Wackeligkeit in den Beinen empfinden. Oder aber: Aufgeregtes Kribbeln, Bewegungsdrang, Kraft und Stärke, ein körperliches Gefühl von Größe und Energie. Der Körper hat eine eigene, präverbale Sprache. Er zeigt an, wo er sich wohl fühlt und wo nicht, welche Position er als stimmig oder unstimmig erlebt, in welcher Konstellation er sich kraftvoll und handlungsfähig erfährt und in welcher matt und gelähmt. Dass durch das Erleben des eigenen Körpers in der repräsentierenden Wahrnehmung wirklich relevante Informationen für das Verständnis eines Systems erzeugt werden, legt sich nahe durch die praktisch-empirische Evidenz, dass die so bereitgestellten Informationen als zutreffend, stimmig, wichtig und weiterführend erlebt werden. Die Information eines Teils des Systems ist relevant, weil die anderen Teile des Systems die Information als relevant und hilfreich erachten. „Ja, das passt. Damit kann ich viel anfangen. Das hilft mir, zu verstehen, warum wir nicht weiterkommen." Solche Äußerungen sind typisch für Aufstellungsszenarien und belegen, dass Systemaufstellungen durch die körperlich-räumliche Selbstwahrnehmung Einzelner wichtige und sinnvolle Informationen über das System generieren.

Diese anwendungspraktische Evidenz erfährt eine umfassende wissenschaftliche Unterstützung durch die wichtige Studie von Peter Schlötter (2016). In seiner empirischen Forschungsarbeit untersuchte Schlötter, wie Versuchsteilnehmer eine bestimmte, durch lebensgroße Figuren im Raum dargestellte Situation eines Unternehmens erleben. Die Teilnehmer sollten einschätzen, indem sie der Reihe nach alle aufgestellten Positionen einnahmen, wie es den Menschen an den jeweiligen Positionen geht. Anschließend wurden sie gebeten, sich stellvertretend in die Position eines Nachfolgers im Führungsgremium hineinzuversetzen und eine passende Position im Raum einzunehmen. Ein hoch signifikanter Anteil der Stellvertreter nahm an den unterschiedlichen Positionen sehr Ähnliches wahr und wählte anschließend den gleichen Platz im Raum als Nachfolger. Für Schlötter beweist das Experiment das Vorhandensein eines körperlich vermittelten geometrischen Raumempfindens, einer Art Raumsprache, die unabhängig von Personen verstanden wird. Schlötter führte das identische Experiment einige Jahre später noch einmal in China durch und konnte dadurch belegen, dass das mit der Raumsprache verbundene Zeichensystem dort ebenso verstanden wurde und somit nicht nur personen-, sondern auch kulturunabhängig ist. Systemaufstellungen – so Schlötters Schlussfolgerung – wirken, weil es eine auf der Wahrnehmung von Körpern im Raum basierende allgemeingültige, nichtverbale Sprache gibt, die unabhängig von Personen und Kulturen verständlich ist.

2.2.4 Involvierende Konfrontation

Wir haben schon erwähnt, dass typischerweise zunächst die Person, deren System repräsentiert wird, in der Aufstellung vertreten wird, während sie selbst von außen darauf schaut. Diese Phase wird meistens von einer zweiten abgelöst, in der diese Person dann die eigene Position im System selbst einnimmt. Sie ist dann nicht mehr Beobachtende, sondern ist involviert in die Dynamik des Systems, das in der Aufstellung vergegenwärtigt wird. Dadurch wird sie mit der ganzen Dynamik konfrontiert, die aus der eigenen Verwobenheit in die Beziehungskonstellationen und aus den Wirkungen anderer Elemente des Systems entsteht. Diese anderen Elemente können die Geschichte des Systems, vergangene oder aktuelle Problemlagen, Ziele und Ansprüche, Verantwortungsverteilung, Rollen und vieles mehr sein.

Dieser Wechsel aus der beobachtenden in die teilnehmende Perspektive ist ein besonderes Merkmal und auch eine spezifische Stärke der Aufstellungsmethode. Es ist absolut möglich, den Wandel auch noch einmal in die andere Richtung zu vollziehen, also nach einer Phase der involvierenden Konfrontation wieder aus der Aufstellung herauszugehen, sich erneut vertreten zu lassen und noch einmal von außen auf die Dynamik zu blicken, der man gerade noch selbst ausgesetzt war.

Für die Einordnung der eigenen tatsächlichen Alltagserfahrungen im System, die ja in der Regel den Anlass geben, überhaupt einen genaueren Blick auf die eigene Lage zu werfen, ist dieser Wechsel extrem wertvoll. Es wird so möglich, aus den verschiedenen Perspektiven heraus zu erkennen, wie bestimmte Konstellationen wirken und welche Effekte bestimmte Veränderungen dieser Konstellationen haben, die man in Aufstellungen antizipierend und/oder symbolhaft vornehmen kann. Auch die Frage, welche eigene Positionierung bzw. Neupositionierung notwendig, hilfreich bzw. sinnvoll ist, um das eigene Wohlbefinden, die Beruhigung des Systems insgesamt, dessen Lebens- bzw. Arbeitsfähigkeit und dessen Produktivität bzw. dessen wirkungsvolle Teilhabe an übergeordneten Systemen zu stärken, kann mithilfe des Wechsels von beobachtender Perspektive und involvierender Konfrontation intensiv bearbeitet werden.

Gerade dadurch, dass es neben der objektivierenden Stellvertretung auch die involvierende Konfrontation gibt und beide wechselseitig den Erkenntnisprozess stimulieren, korrigieren und ergänzen, ermöglicht die Aufstellungsmethode eine ganz spezifische und einmalige Form der Selbstwahrnehmung in den relevanten Bezügen zum eigenen System. Dabei lässt die involvierende Konfrontation derjenigen, um deren Situation im System es geht, die ganze Wucht und Bedeutung von Verbindungen, Verwicklungen und Verstrickungen erleben. Auch die Notwendigkeit von Veränderungen in der eigenen Positionierung und/oder der eigenen Haltung dem System gegenüber kann viel deutlicher werden als durch eine ausschließlich objektivierende Beobachtung von außen. Letztere wiederum kann helfen, sich vor unangemessenen und zu massiven Schritten, die dem emotionalen Impuls einer involvierenden Konfrontation folgen könnten, zu schützen.

Das Zusammenspiel von objektivierender Stellvertretung und involvierender Konfrontation verleiht der Aufstellungsmethode einige Besonderheiten:

- *Breite der Diagnose:* Die sehr unterschiedliche Weise des Blicks *auf* das System (objektivierende Stellvertretung) und des Blicks *in* das System (involvierende Konfrontation) ermöglicht unterschiedliche Zugänge zu den bestimmenden Elementen und ihren Beziehungen zueinander und kann damit eine sehr differenzierte Wahrnehmung und Einordnung der eigenen Verwobenheit ermöglichen.
- *Balance der Perspektiven:* Die objektivierende Stellvertretung führt in eine distanzierte, betrachtende und oft auch von Kognitionen bestimmte Sichtweise. Die involvierende Konfrontation geht vielfach mit starker emotionaler sowie körperlich wahrgenommener und ausgedrückter Beteiligung einher. Jede dieser Perspektiven für sich genommen ist einseitig und birgt die Gefahr, dass innere oder äußere Reaktionen, die ausschließlich aus ihr erwachsen, der Komplexität der Systemdynamik nicht gerecht werden. Die Verbindung von Stellvertretung und Konfrontation in der Methode der Aufstellung schafft die Möglichkeit einer ausgewogenen Sicht, eines differenzierten Verständnisses und einer Balance der Optionen für Reaktion und Veränderung.
- *Vielfalt der Impulse:* Dabei ergeben sich in Intention, Gestalt und Umsetzungsschritten sehr unterschiedliche Reaktions- und

Veränderungsimpulse. Gerade deren Vielfalt wird durch die Verbindung von objektivierender Stellvertretung und Beobachterperspektive einerseits und involvierender Konfrontation andererseits möglich.

- *Symbolische Antizipation:* Aufstellungen ermöglichen nicht nur die vergegenwärtigende Darstellung eines Systems. Sie sind nicht auf die gewissermaßen diagnostische Verwendung beschränkt. Aufstellungen ermöglichen auch, sich selbst im eigenen System auszuprobieren, die Wirkungen von Veränderungen zu testen und sie im Rahmen der Vergegenwärtigung zu erleben. Das funktioniert allerdings vorrangig durch die involvierende Konfrontation, weniger durch die objektivierende Stellvertretung. Letztere jedoch kann erstere noch einmal einordnen und verstehen helfen: Wenn eine Neupositionierung zunächst im Rahmen der involvierenden Konfrontation vollzogen und in ihren Wirkungen am eigenen Leibe erlebt wird, und anschließend noch einmal stellvertretend vergegenwärtigt wird, während die Betroffene zuschaut, wird das emotional geprägte Erfahrungsbild ergänzt durch eine reflektierende Betrachtung und dadurch korrigiert und erweitert. Auf dieser Gesamtbasis kann die Entscheidung für das weitere Vorgehen im Alltag besser gefällt werden als auf der Basis egal welcher Einzelperspektive.

2.2.5 Abstrahierende Reflexion

Der Nutzen einer Aufstellung besteht in der Regel nicht so sehr darin, ein gerade aktuelles, konkretes Problem, eine momentane Krise, eine Herausforderung im jetzigen Alltag zu bearbeiten und zu lösen. Diese jeweilige aktuelle Situation ist vielfach Anlass dafür, auf den Grund zu schauen und nach den tieferen Ursachen zu suchen, Muster zu erkennen und die Dynamik im eigenen Leben bzw. Arbeiten zu durchschauen. Aktuelle Zustände erscheinen vielen als variierende Erscheinungsformen gleichbleibender Grundprobleme. In einer Aufstellung sucht man nach solchen tieferliegenden Mustern. Dass damit meistens die Hoffnung oder Erwartung verbunden ist, auch eine aktuelle Lage zu verbessern, bleibt davon unbenommen.

Das Erkennen von Mustern gelingt in der Aufstellung durch den Blick aus der Distanz einerseits und das gleichzeitige Eintauchen in die Wirkung andererseits. Das Arrangement der beschriebenen Merkmale der Aufstellungsmethode – aktualisierende Repräsentation, öffnende Wahrnehmung, objektivierende Stellvertretung und involvierende Konfrontation – macht diese Verbindung von Erfahrung im Hier und Jetzt und Beobachtung aus einer externen Position heraus möglich. Aber zunächst stehen diese beiden Ebenen eher nebeneinander, sind nicht miteinander verbunden und können sich nicht sofort befruchten.

Das wird erst durch eine Meta-Ebene möglich, die die beiden miteinander verbindet. Diese Meta-Ebene ist die abstrahierende Reflexion. Sie fragt nach den Gemeinsamkeiten in Erfahrungen innerhalb der Aufstellung mit jenen aus der externen Beobachtung und schlägt auch den Bogen aus dem Aufstellungssetting insgesamt heraus zurück in die Alltagserfahrung, die jemanden in die Aufstellung geführt hat. Schließlich geht der Blick auch noch darüber hinaus in die Verbindungen zur eigenen Historie in der tatsächlichen Lebensentwicklung des aufgestellten Systems. Mustererkennung erfordert die Verbindung der Aufstellungsarbeit und ihrer verschiedenen Perspektiven mit den Lebenserfahrungen desjenigen, dessen System aufgestellt wird. Die abstrahierende Reflexion vollzieht genau diesen Schritt.

Aus unserer Sicht kann im Rahmen eines Aufstellungssettings dieser Schritt nur in ersten Bewegungen vollzogen werden. Eine tiefe Reflexion verlangt Zeit und eine Intensität des Eingehens auf die Einzelne, die einer Gruppe von Teilnehmenden und ggf. auch der Betroffenen selbst nicht zuzumuten sind. Diese schlichte Tatsache, dass es problematisch ist, die Reflexion direkt im Anschluss an die Aufstellung zu vertiefen, führt nicht selten dazu, dass sie gänzlich unterbleibt. Manche Aufstellerinnen betonen ausdrücklich, dass eine Reflexion des in der Aufstellung Gesehenen und Erlebten nicht geschehen sollte, dass Aufstellungen allein aus sich heraus wirken sollten, man ihnen nicht nachgehen sollte, weder im Gespräch mit anderen noch im eigenen Nachdenken. Das könne die Wirkung zerstören. Wichtig sei allein der Effekt des Aufstellungsbildes, das aus sich heraus eine langfristige Wirksamkeit entwickle. Hier wird unseres Erachtens dem Mythos und Nimbus des Geheimnisvollen gehuldigt. Dem steht die Erfahrung aus therapeutischer und Beratungsarbeit sowie die entsprechende Forschung entgegen. Eine differenzierte Reflexion und Einordnung von Erlebnissen sollte Bestandteil einer transparenten und auch wirksamen Methode sein.

Die Verarbeitung des in der Aufstellung Erlebten und dessen differenzierte, kritische und mutige Rückkopplung an den Alltag und das Leben außerhalb der Aufstellung ist erforderlich, um nachhaltige Wirkungen zu erreichen.

Der Verzicht auf die nachgehende Reflexion des in der Aufstellung Erlebten, neigt dazu, dem emotionalen Erleben die entscheidende Bedeutung im Prozess der Therapie oder Beratung zuzuschreiben. Dass die affektiv-emotionale Seite eine zentrale Rolle spielt, steht auch für uns außer Frage. Dies gilt insbesondere dann, wenn sie zuvor vernachlässigt wurde oder durch die Aufstellung ungünstige emotionale Muster korrigiert werden sollen. Um die Wirkung einer Aufstellung nachhaltig zu machen und zu verankern, ist es allerdings notwendig, dass drei Dimensionen ineinandergreifen und sich wechselseitig verstärken: Die affektiv-emotionale, die kognitiv-rationale und die konativ-handlungsorientierte. Demnach ist es wichtig, eine intensive emotionale Erfahrung, die sich im Aufstellungsgeschehen einstellen kann, dann auch zu reflektieren und beispielsweise biografisch einzuordnen und schließlich daraufhin zu befragen, welche konkreten Handlungs- und Umsetzungsimpulse sich daraus ergeben.

Auch wenn tatsächlich in Gruppensettings nicht immer ausreichend Zeit für eine differenzierte abstrahierende Reflexion gegeben ist, die einer Klientin helfen kann, die tiefer liegenden Muster im eigenen System und die Verwobenheit der eigenen Verhaltensmuster mit diesen Systembedingungen zu erkennen, ändert das nichts daran, dass zum methodischen Erkenntnisprozess der Aufstellungsarbeit diese abstrahierende Reflexion dazu gehört. Sie kann durchaus in einem Follow-up-Gespräch erfolgen, das separat vom Aufstellungssetting geführt werden kann.

2.2.6 Fokussierende Verbalisierung

Auch dieser letzte methodische Aspekt kennzeichnet die Aufstellungsarbeit in besonderer Weise. Er wird vielfach mit dem Begriff ‚Lösungssätze' umschrieben. Gemeint sind Aussagen, die eher zum Abschluss einer Aufstellung gemacht werden. Ihr Zweck besteht zum einen darin, das Erlebte zusammenzufassen und zum anderen darin, dessen Bedeutung für den Klienten herauszuarbeiten. Manchmal werden auch wichtige Hinweise für die Umsetzung im Alltag formuliert und dadurch ins Bewusstsein geholt und verankert. Vielfach werden diese Sätze vom Aufstellungsleiter formuliert, dem Aufstellenden vorgeschlagen und dieser kann entscheiden, ob die entsprechende Aussage der eigenen Wahrnehmung und Empfindung entspricht und etwas ausdrückt, das auch aus seiner Sicht wichtig ist. Der Aufstellende spricht dann diese Sätze selbst aus, wobei sie in diesem Prozess des Vorschlagens, Abwägens und Formulierens auch noch verändert werden können, um genau das zu treffen, worauf es ankommt.

Vor allem für Personen, die dieses Vorgehen zum ersten Mal erleben, wirkt es nicht selten befremdlich. Es kann schnell das Gefühl aufkommen, etwas Vorgegebenes nachplappern zu sollen. Allerdings entsteht dieses Gefühl nach unserer Erfahrung um so weniger, je treffender die Vorschläge sind, die ein Aufstellungsleiter macht. Wenn die nahegelegten Statements genau das Wesentliche treffen, werden sie in aller Regel aufgenommen und sind extrem hilfreich, um aus der Aufstellung die entscheidenden Hinweise mitzunehmen.

Methodische Varianten sind natürlich auch hier vorstellbar. Aufstellende können selbst Formulierungen bilden, sie können diese mit der Aufstellungsleitung abgleichen und gemeinsam zu einem passenden Statement kommen oder auch einfach für sich die wichtigsten Erkenntnisse im Nachgang verbalisieren.

Entscheidend ist, dass es diese Komponente der zusammenfassenden und umsetzungsorientierten Verbalisierung der wesentlichen Erfahrungen und Erkenntnisse gibt, dass diese explizit formuliert und vielfach auch noch im Gegenüber zu den aufgestellten Systemelementen ausgesprochen werden. So kann diese fokussierende Verbalisierung dazu beitragen, den Erkenntnis- und Umsetzungsprozess nach einer Aufstellung passend auszurichten.

Ob die Bezeichnung als ‚Lösungssätze' besonders treffend ist, mag man diskutieren. Darin wird aus unserer Sicht zu sehr insinuiert, diese Sätze seien für eine Lösung des in der Aufstellung bearbeiteten Problems entscheidend, während andere Prozessteile im Verhältnis zu ihnen irgendwie analysierenden und vorbereitenden Charakter hätten. Zudem legen sie zu sehr nahe, am Ende einer Aufstellung komme es zur ‚Lösung'. Das weist auf die Vermutung hin, mit einer Aufstellung könne eine Problemkonstellation ein für alle Mal abschließend bearbeitet werden. Dieses Verständnis gibt den abschließenden Statements eine zu hervorgehobene Bedeutung. Daher vermeiden wir diese Bezeichnung.

In der Sache ist die fokussierende Verbalisierung ein wichtiges und in der Aufstellungsmethode auch sehr spezifisches, sie charakterisierendes Element.

3 Wahrnehmen, Erkennen und Verstehen in der Aufstellungsarbeit

Wer im Rahmen einer Familien- oder Organisationsaufstellung ein eigenes Anliegen oder eine Fragestellung aufstellt, will damit in der Regel ein vertieftes Verständnis ebendieser Fragestellung gewinnen. Sie will sehen und wahrnehmen, was sie bisher nicht sieht und wahrnimmt. Sie möchte Einsichten in Dynamiken gewinnen, die bislang unscharf und nicht präzise greifbar sind. Und sie möchte zumeist verstehen, wie sie mit den neu gewonnenen Einsichten umgehen kann. Was sind die nächsten Schritte? Was kann ich ändern und wie kann ich es tun?

Die Aufstellungsarbeit ist gleichermaßen eine Methode der Wahrnehmung und Erkenntnisgewinnung wie auch eine Interventionsmethode.

Erkenntnis und Intervention bedingen sich dabei und beeinflussen sich wechselseitig: Die gewonnenen Erkenntnisse prägen die Art der Intervention, die wiederum weitere vertiefende Erkenntnisse liefert. Ein typischer zirkulärer Prozess, den wir hier aus Gründen der größeren Klarheit aber bewusst zergliedern. Da in den Kapiteln sechs bis acht dieses Buches ausführlich von den Interventionsmöglichkeiten, die die Aufstellungsarbeit bietet, die Rede sein wird, richten wir unsere Aufmerksamkeit hier zunächst auf die Aufstellungsarbeit als Erkenntnismethode.

Wie lassen sich die in Aufstellungen stattfindenden Wahrnehmungsprozesse beschreiben? Welche Voraussetzungen müssen gegeben sein, damit die Wahrnehmung und die darauf gründende Erkenntnis möglichst zutreffend sind? Welche Art von Erkenntnis wird überhaupt in Systemaufstellungen gewonnen, egal ob es sich dabei um Familiensysteme oder um Organisationen handelt? Diese Fragen sind deswegen bedeutsam, weil allen Beratungs- und Therapiekonzepten spezifische Weltanschauungen und durch sie geprägte Menschenbilder zugrunde liegen. Diese beinhalten in der Regel Annahmen über die Ursachen von Schwierigkeiten, über die Wege zu ihrer Auflösung und meist auch mehr oder minder explizite epistemologische Hypothesen, also Vermutungen darüber, wie relevante Erkenntnisse und Einsichten in diese Schwierigkeiten und ihre Genese gewonnen werden können. Solche Weltanschauungen und anthropologischen Grundannahmen prägen zutiefst die jeweilige praktische Arbeit und die angewandten Methoden, sie bleiben allerdings oftmals verborgen oder werden nur oberflächlich dargestellt und reflektiert. Sich Klarheit über die erkenntnistheoretischen Grundlagen der Aufstellungsarbeit zu verschaffen, halten wir deswegen für notwendig und unverzichtbar. Dieses Bemühen wird allerdings dadurch erschwert, dass dieser Diskurs seit den Anfängen des Familienstellens im deutschsprachigen Bereich von einem grundsätzlichen Richtungsstreit geprägt ist. Diese Konfliktlage wird üblicherweise als Auseinandersetzung zwischen Phänomenologie und Konstruktivismus beschrieben. Sie scheint in dem Moment zu beginnen, als Gunthard Weber, der selbst zu der von Helm Stierlin begründeten systemisch-konstruktivistisch orientierten *Heidelberger Schule* gehört, 1993 das Buch „Zweierlei Glück" (Weber 2017) über das Familienstellen Bert Hellingers herausgibt. Er beschreibt darin Hellingers Vorgehensweise als systemische Methode und beschwört damit einen Protest seiner konstruktivistisch orientierten Kollegen herauf (König 2007, 151). Sie stören sich unter anderem an den direktiven Interventionen Hellingers. All das führt dazu, dass Hellinger fortan die Phänomenologie als seine Referenztheorie ausweist, ähnlich wie viele andere humanistisch orientierte Psychotherapeuten.

3.1 Konstruktivismus

Der Konstruktivismus stellt keine einheitliche philosophische bzw. erkenntnistheoretische Richtung dar. König (2004) hat darauf hingewiesen, dass zahlreiche Vertreter des Konstruktivismus (z. B. Luckmann, Luhmann und Bourdieu) diesen keineswegs als gegenläufig zur Phänomenologie sahen, sondern sich selbst als durchaus phänomenologisch orientiert betrachteten. In unserem Zusammenhang ist der Konstruktivismus vor allem durch seinen Einfluss auf die Systemische Therapie bedeutsam, der sich in den 80er Jahren des letzten Jahrhunderts in der sogenannten ‚konstruktivistischen Wende' der Systemischen Therapie manifestierte.

Das systemisch-konstruktivistische Verständnis geht davon aus, dass die Wirklichkeit unserer Wahrnehmung nicht direkt zugänglich ist, sondern nur durch Symbolisierungen, insbesondere in der Form von Sprache. Die Verständigung über die Wirklichkeit ist mithin ein kommunikativer Prozess, in dem beispielsweise Therapeutin und Patientin miteinander eine Interpretation einer Gegebenheit bzw. eine gemeinsame Narration entwickeln. Wirklichkeit ist deswegen nicht etwas, das vorgefunden wird, sondern ein aus einer Kommunikation resultierendes Konstrukt. Kurz: Wirklichkeit wird nicht gefunden, sondern erfunden. Eine solche Sicht der Realität kollidiert in der Tat mit derjenigen Hellingers, der davon ausgeht, Wirklichkeit könne entziffert werden und enthülle und erschließe sich dem offenen Betrachter sogar bis an den Punkt, dass darin spezifische Ordnungselemente erkennbar werden.

Auch die Systemische Therapie konstruktivistischer Prägung macht sich, etwa mit der Familienskulptur, methodische Ansätze zu eigen, die eine Verwandtschaft mit Hellingers Familienstellen haben. Sie will damit den Kontext verstehbar machen, in dem Narrative und Deutungen, die in einer Familie wirksam sind, entwickelt wurden.

Im Zusammenhang der Aufstellungsarbeit liegt die Bedeutung der systemisch-konstruktivistischen Perspektive genau darin: Deutlich gemacht zu haben, dass die Welt, so wie sie sich uns darstellt, nicht etwas objektiv Gegebenes ist, sondern das Ergebnis einer interpretativen Leistung (König 2004, 206). Wir sehen, was wir bereit sind zu sehen. Was wir wahrnehmen, ist mithin subjektiv eingefärbt, ebenso wie die Deutung, die wir dem Wahrgenommenen geben. Bedeutungen und Sinnzuschreibungen sind Konstrukte und Interpretationen.

Eine wichtige Frage in diesem Zusammenhang ist, wer im Aufstellungsgeschehen diese Bedeutungszuschreibung vornimmt, allein die Klientin oder die Aufstellungsleiterin mit ihr? Zwei prominente Vertreter der konstruktivistischen Richtung, Matthias von Varga Kibéd und Insa Sparrer, haben im Rahmen ihrer systemischen Strukturaufstellungen eine Sicht entwickelt, „die den Klienten als radikalen Konstrukteur jeglichen Beziehungen in einer für ihn realen Wirklichkeit und den Aufstellungsleiter in erster Linie als Gastgeber für einen Prozess verstehen. Sie arbeiten nach ihrer eigenen Überzeugung weder vorausschauend noch interpretierend." (Hartung 2018, 71)

Eine solche radikale Beschränkung der Rolle des Aufstellungsleiters widerspricht allerdings dem, was wir eingangs über den immer und überall wirksamen Einfluss von anthropologischen Grundannahmen gesagt haben. Erkenntnis setzt immer ein erkenntnisleitendes Interesse voraus und ist deswegen immer schon eingefärbt. Eine solcherart radikal konstruktivistische Position erscheint uns wenig hilfreich, da es ihr an Sensibilität für die Relevanz hermeneutischer Überlegungen fehlt.

3.2 Phänomenologie

Als Phänomenologie wird eine philosophische Denkrichtung bezeichnet, die auf den deutschen Philosophen Edmund Husserl (1859–1938) zurückgeht und die Philosophie insbesondere in Deutschland und Frankreich bis in die Gegenwart prägt. Zu Husserls Schülern zählen unter anderen Martin Heidegger und Edith Stein. Andere Denker wie Jean-Paul Sartre, Max Scheler, Maurice Merleau-Ponty, Paul Riceour und Emmanuel Levinas sind maßgeblich von ihm beeinflusst. Die Phänomenologie ist eine Bewusstseinsphilosophie und verfolgt im Kern ein erkenntnistheoretisches Interesse. Sie geht davon aus, dass die Dinge an sich existieren, also objektiv gegeben sind. Ihr Interesse richtet sich insbesondere darauf, zu untersuchen, wie sie sich im Bewusstsein zeigen. Bewusstheit ist dabei für Husserl immer ein intentionaler Akt, also Bewusstsein von etwas.

Warum wurde Hellingers Methode des Familienstellens nun als eine phänomenologische Methode bezeichnet? Dahinter steht unseres Erachtens keine vertiefte Auseinandersetzung mit der Phänomenologie als Bewusstseinsphilosophie, sondern wohl eine oberflächliche Attribution. Diese könnte ihren Grund darin haben, dass zwei Aspekte der philosophischen Methode Husserls eine große Ähnlichkeit mit Hellingers Vorgehensweise aufweisen. Wir müssen an dieser Stelle die Frage unbeantwortet lassen, ob und inwieweit Hellinger die Phänomenologie eventuell tiefergehend gekannt hat und dort bewusste Anleihen gemacht hat.

Eine erste Ähnlichkeit ergibt sich im Hinblick auf das, was die Phänomenologie als Wesensschau bezeichnet. Das Ziel Husserls war es, mit seiner philosophischen Analyse „zu den Sachen selbst" vorzudringen. Die sichtbaren, gegebenen Phänomene sollten auf ihr Wesen hin untersucht werden. Es war ihm daran gelegen, hinter die konkreten Gegebenheiten, in denen sich ein Objekt zeigen kann, zu schauen und das Gleichbleibende freizulegen und damit sozusagen sein eigentliches Wesen zu erkennen. Dieses analytische, erforschende und um das Wesen der Dinge bemühte Verstehen hat wohl dazu geführt, auch Hellingers Methode als phänomenologisch zu etikettieren. Auch ihm geht es ganz offensichtlich darum, hinter dem oberflächlich Gegebenen und Sichtbaren verborgene und tiefer reichende Bewegungen, Verstrickungen und Dynamiken zu erkennen. Hellinger will im Expliziten das Implizite und im Subjektiven das Objektive freilegen. Seine ganz eigentümliche Art von Wesensschau scheint darum bemüht, im sichtbaren Phänomen das Tieferliegende und Gleichbleibende zu sehen und das Chaos und die offensichtliche Unordnung im Leben seiner Klienten auf die darunter verborgenen Ordnungen hin zu befragen und damit letztlich auch Sinn und Bedeutung zu enthüllen.

Eine zweite Ähnlichkeit zu Husserls Phänomenologie hat vermutlich noch entscheidender dazu beigetragen, Hellingers Methode als phänomenologische einzuordnen. Nach Husserl kann ein Bewusstseinsakt einem Phänomen nur dann gerecht werden und zu dessen Wesen vordringen, wenn sich der Beobachtende zunächst alle eigenen Vorurteile (d.h. Vorerfahrungen, Annahmen oder Urteile) vor Augen führt, bewusst macht und sozusagen einklammert. Diesen Prozess des Einklammerns, der den Erkenntnisprozess von subjektiven Einfärbungen befreien und gewissermaßen verobjektivieren soll, nennt Husserl *phänomenologische Reduktion* oder *Epoché*. Die Parallelen zur Haltung eines Aufstellungsleiters sind offensichtlich: Auch dieser ist aufgerufen, sich seiner eigenen Gedanken, Gefühle, Ziele, Annahmen und Vorurteile bewusst zu sein, um dann einerseits diese gegebenenfalls therapeutisch nutzen zu können und andererseits gleichzeitig möglichst frei davon zu sein, um unbefangen, offen und ohne eigene Interessen auf das Anliegen seines Klienten zu schauen. „So ist die phänomenologische Einstellung durch ein stetes Hin- und Herpendeln unserer Aufmerksamkeit gekennzeichnet, zwischen Wahrnehmung des Gegenstandes einerseits und Rückwendung auf die Voraussetzungen dieser Wahrnehmung andererseits, zwischen Fremdbeobachtung und Selbstbeobachtung." (König 2004, 201). Versteht man die phänomenologische Herangehensweise in diesem Sinn vor allem als ein bewusstes Beobachten der eigenen Wahrnehmung und Geistestätigkeit, dann verlässt man allerdings schon den Bereich der rein phänomenologischen Philosophie und betritt das Feld hermeneutischer Fragestellungen.

Die Einordnung von Hellingers Vorgehensweise als phänomenologische Methode scheint vor allem auf diesen zwei Ähnlichkeiten mit der philosophischen Phänomenologie zu beruhen, entspringt damit aber auch einer eher oberflächlichen Lesart derselben.

Was bedeutet all dies nun für unsere Frage nach den Erkenntnisprozessen in der Aufstellungsarbeit? Was ergibt sich aus der Debatte um Konstruktivismus und Phänomenologie?

Einige erste Schlussfolgerungen sind möglich. Erstens:

Den augenscheinlichen Konflikt zwischen Konstruktivismus und Phänomenologie darf man getrost entschärfen.

Er wirkt, zumindest im Blick auf die Aufstellungsarbeit, konstruiert und lässt die realen Verbindungslinien übersehen, die zwischen den beiden erkenntnistheoretischen Ansätzen bestehen. So konnten wir sehen, dass es seitens des Konstruktivismus immer wieder Brückenschläge in Richtung Phänomenologie gibt, sei es indem namhafte Vertreter des Konstruktivismus auf ihre Prägungen durch die Phänomenologie verweisen, sei es durch explizite inhaltliche Bezugnahmen aktueller Vertreter des Konstruktivismus auf phänomenologische Konzepte (etwa beim Lebenswelt-Begriff). Umgekehrt ist auch schon der frühen Phänomenologie eine konstruktivistische Sicht keineswegs fremd. So weist beispielsweise die Husserlschülerin Edith Stein in ihrem wegweisenden Werk zur Einfühlung darauf hin, dass alle Selbst- und Fremdwahrnehmungen immer intersubjektiv konstituiert sind. Wie ich mich selbst, den Anderen und die Welt wahrnehme, wird in einem Prozess des Einfühlens und des sich wechselseitig aufeinander Einstimmens konstruiert (Stein 1917, 71f.).

Zweitens: Der systemisch-konstruktivistisch geprägten Erkenntnistheorie verdanken wir den Hinweis, dass alles Erkennen und Verstehen ein kommunikativer Prozess ist, in dem Bedeutungen und Sinnzuschreibungen interaktiv je neu miteinander definiert werden. So ist beispielweise das, was wir üblicherweise Identität nennen, nicht eine festgelegte oder irgendwie objektivierbare Größe. Hingegen sind individuelle oder auch Gruppen- und Organisationsidentitäten als narrative Identitäten zu begreifen. Sie entstehen im Moment, in dem sie erzählt werden, weil dann Versatzstücke und Biografiefragmente in einem intersubjektiven Kommunikationsgeschehen so konstruiert werden, dass sie ein sinnvolles Narrativ bilden.

Drittens: Die Rezeption der Phänomenologie im Kontext der Systemaufstellungen erscheint uns in der Gesamtbetrachtung zwiespältig. Positiv zu bewerten ist sicherlich die offene und unvoreingenommene Haltung, die es den Phänomenen ermöglichen soll, sich zu zeigen und die durchaus zutreffend als phänomenologische Haltung bezeichnet werden kann. Diese Form der möglichst ungefilterten Wahrnehmung ist allerdings in keiner Weise typisch für die Aufstellungsarbeit, sondern findet sich in vielen Therapierichtungen. Schon Freud sprach von der Notwendigkeit einer unvoreingenommenen ‚gleichschwebenden Aufmerksamkeit', andere Bezeichnungen lauten ,therapeutische Neutralität' oder ,Allparteilichkeit'.

Sinnvoll erscheint auch das typisch phänomenologische Bemühen, einzelne Situationen oder Alltagsgegebenheiten darauf hin zu befragen, was ihnen zugrunde liegt, im Spezifischen also das Muster und das Grundsätzliche zu erkennen. Wie wir aber nun schon einiger Male angedeutet haben, halten wir Hellingers Vorgehensweise für problematisch, mittels der er dabei immer wieder die gleichen Ordnungen freilegt. Schwierig ist dabei nicht nur der Rückgriff auf ein naturalistisch-normatives Verständnis von Familien, sondern vor allem auch, dass auf diese Weise gefunden wird, was gefunden werden soll. „Die Grundordnung wird gefunden, weil sie als Annahme dem Suchprozess zugrunde liegt. Der Suchvorgang selbst wird nicht mehr zum Thema gemacht, sondern aus der Reflexion ausgeschlossen und in den Bereich des Unerklärbaren verwiesen. Daraus ragen dann die unverrückbaren ,Erkenntnisse' des Meisters heraus." (König 2004, 204).

3.3 Hermeneutik

Königs Hinweis auf den nicht thematisierten Suchvorgang unterstreicht einen Aspekt, der in unseren Überlegungen zum Erkenntnisprozess in der Aufstellungsarbeit nun schon mehrfach angeklungen ist: dass nämlich sowohl der systemisch-konstruktivistischen Perspektive als auch der phänomenologischen Methode im Kern jeweils hermeneutische Fragestellungen zugrunde liegen.

Hermeneutik ist ursprünglich die Lehre vom Verstehen eines Textes. Sie wurde entwickelt im Zusammenhang der Frage nach der richtigen Interpretation biblischer Texte. Wie kann der heutige Leser mit seiner spezifischen Lebenserfahrung einen Text, der einer anderen Zeit und einem anderen Lebenskontext entstammt, angemessen verstehen? Wie kann die ursprüngliche Aussageabsicht des Autors möglichst unverstellt gehört werden? Seit ihren Anfängen hat sich das Anwendungsfeld der Hermeneutik allerdings erweitert. Es geht nicht mehr nur um die Frage, wie ein Text angemessen zu deuten ist, sondern darum, wie überhaupt fremde Situationen adäquat verstanden werden können. Das Kernproblem dabei ist, dass es keinen Nullpunkt des Verstehens gibt. Ohne ein gewisses Vorverständnis können wir weder einen Text noch eine Situation ‚lesen'. Alles Unbekannte ist immer schon eine Variation von etwas Bekanntem (Netter 2019, 136). Das gilt beispielsweise auch im Hinblick auf die Beratung und die Aufstellungsarbeit in Organisationen. Ohne eine Kenntnis darüber, wie Organisationen funktionieren, welche Rollen und Strukturen es üblicherweise in ihnen gibt und welche Regeln und Dynamiken das Zusammenspiel der Menschen in einer Organisation steuern, lassen sich Rollen, Strukturen, Regeln und Dynamiken auch nicht erkennen und angemessen verstehen. Das Bekannte wird zum Schlüssel für das Unbekannte. Nur mit meiner Organisationsbrille kann ich Organisationen verstehen. Zugleich ist meine Organisationsbrille aber auch genau das: eine Brille, ein Hilfsmittel, ein Filter. Sie schärft den Blick auf bestimmte Sachverhalte, lässt aber andere Aspekte nur unscharf oder gar nicht sichtbar werden. Hermeneutik ist im Kern die Frage nach der Beschaffenheit meiner Brille. Welche eigenen Vorerfahrungen, Vorurteile, Annahmen, Sorgen und eigenen Anliegen machen meine Brille aus? Was kann ich deswegen vermutlich gut und besonders scharf sehen? Was kann ich gar nicht sehen, welche blinden Flecken habe ich also?

Zurecht hat Netter jüngst darauf hingewiesen, dass jeder, der in der Aufstellungsarbeit die inneren Voraussetzungen eines Aufstellungsbildes freilegen will und somit den Sinn einer Symptomatik bzw. eines bestimmten erkennbaren Musters verstehen will, ein Hermeneutiker sein muss (ebd., 133). Im konkreten Aufstellungsgeschehen hat dabei die hermeneutische Hinterfragung und Vergewisserung immer eine doppelte Ausrichtung: Zum einen gehört es zur durchgängigen Grundhaltung des Aufstellungsleiters, sich eigener Voreinstellungen und Vorurteile bewusst zu sein, um so den Einfluss eigener Annahmen und blinder Flecken so gut es geht zu begrenzen. Zum anderen wird der Aufstellungsleiter darauf achten, welches Vorverständnis seiner Klienten deren Beschreibung eines Problems prägt und beeinflusst. Welche Deutung des Problems ist durch ein bestimmtes Vorverständnis schon mitgegeben? Was lässt ein bestimmter Blickwinkel besonders deutlich sehen und was womöglich gar nicht?

Es dürfte schon deutlich geworden sein, dass sich die Erkenntnisprozesse, die der Aufstellungsarbeit zugrunde liegen, nur unzureichend als phänomenologische und/oder konstruktivistische definieren lassen. Beide Perspektiven heben einzelne Aspekte des Erkenntnisgeschehens in der Aufstellungsarbeit in besonderer Weise hervor. Sie müssen aber durch die hermeneutische Perspektive ergänzt werden, da sich nur dann der Erkenntnisprozess insgesamt beschreiben lässt. Hilfreich ist dabei der Begriff des *hermeneutischen Zirkels*. Demnach liegt jeder Erkenntnis ein Vorverständnis des Erkennenden zugrunde. Nur dieses Vorverständnis, dieses schon Bekannte, erlaubt es, im Unbekannten überhaupt etwas zu entdecken. Zugleich ereignet sich in der Wahrnehmung des Unbekannten eine Art *reality check* oder Korrektur durch das Unbekannte. Die Unzulänglichkeit des eigenen Vorverständnisses wird deutlich. Das Vorverständnis wird also modifiziert und erweitert und das so überarbeitete Vorverständnis erneut an der Wirklichkeit überprüft. Es ergibt sich so ein *zirkulär-kumulativer Erkenntnisprozess*. Er ist offen und nie abgeschlossen, nähert sich aber durch fortwährend feinere Nachjustierungen immer besser seinem Gegenstand an.

Im konkreten Aufstellungsgeschehen nimmt dieser zirkuläre Erkenntnisprozess oftmals eine ganz bestimmte Schrittfolge an, in der phänomenologische, konstruktivistische und hermeneutische Perspektiven und Herangehensweisen konvergieren.

Schritt 1 einer Aufstellung besteht üblicherweise darin, dass ein Klient ein eigenes Anliegen zur Sprache bringt. In einem kurzen Gespräch mit dem Aufstellungsleiter werden die wesentlichen Personen oder Aspekte der präsentierten Thematik identifiziert und (meist mit Stellvertretern) aufgestellt. In dieser Phase steht aus erkenntnistheoretischer Sicht das Bemühen im Vordergrund, möglichst unverstellt das wahrzunehmen, was sich zeigt.

Schritt 2 im Aufstellungsgeschehen besteht meist in der Befragung der Stellvertreter. In erkenntnistheoretischer Perspektive geschieht dabei ein zweifaches: Einerseits stellen die Stellvertreter, indem sie ihre Körperwahrnehmungen, Gefühle und Empfindungen mitteilen, neue relevante Informationen bereit. Sie erweitern und bereichern das Spektrum der Perspektiven und formulieren bisher nicht Gedachtes oder Gefühltes. Andererseits ereignet sich im Klienten eine Art Dezentrierung. Eine Fragestellung, in die er selbst als Betroffener hineinverwoben und verstrickt war, steht nun vor ihm. Sie ist als etwas außerhalb seiner selbst anschaulich geworden. Etwas subjektiv Erlebtes wird damit gewissermaßen objektiviert. An dieser Stelle greift, was wir in Anlehnung an Ricoeur (1969) als „Hermeneutik des Zweifels“ bezeichnen können. Die von den Stellvertretern zur Verfügung gestellten Wahrnehmungen bereichern die Sicht der Klienten, hinterfragen sie aber zugleich. Eigene vertraute Deutungen einer Situation und gewohnte Plausibilitäten werden durch andere ergänzt oder auch durchkreuzt. Eine Sicht der Wirklichkeit und damit verbundene Annahmen werden in dieser Phase des Aufstellungsprozesses dekonstruiert; die Teile des Ganzen verlieren ihre vertraute Form und Zusammensetzung.

Schritt 3 besteht darin, dass die Stellvertreter nach einer alternativen, stimmigeren Position suchen. Das Aufstellungsbild verändert sich. Manchmal nimmt auch der Klient jetzt die Position seines Stellvertreters ein. In dieser Phase werden alternative Lösungen gesucht. Es wird überprüft, ob sich ein neues Bild ergibt, das als stimmiger und zukunftsfähiger empfunden wird als das bisherige. Hier greift die zuvor beschriebene konstruktivistische Perspektive: Eine neue Interpretation wird erarbeitet und gemeinsam eine neue Narration geschaffen. Die zuvor zerbrochenen Teile werden in ein neues Gesamtbild gefügt.

Schritt 4 besteht in einer bewussten inneren Aneignung des neuen Gesamtbildes. In der Aufstellungsarbeit gehört zu dieser Phase oftmals das Aussprechen von Lösungssätzen, mit denen der neue Zustand bewusst verbalisiert wird. Das Neue wird benannt, ausgesprochen und bewusst und wirksam gemacht. Mit Ricoeur kann dieser Vorgang als „Hermeneutik der Wiederaneignung“ beschrieben werden. Der Klient hat nun die Möglichkeit, ein neues Gesamtbild, das Altes und Neues, Bewusstes und Unbewusstes, Bekanntes und Unbekanntes zusammenfügt, in seine eigene Vorstellungswelt zu integrieren. Aus erkenntnistheoretischer Sicht stellt das neue Gesamtbild, das sich der Klient in dieser Phase aneignet, einen Zugewinn an Komplexität, an Perspektiven, an Tiefe und an Weite dar.

4 „Gegenstand“ Organisation

Bert Hellingers Familienstellen ist – das dürfte deutlich geworden sein – weit mehr als nur eine Methode. Ihm liegen zentrale normative Annahmen zugrunde, was Familien ausmacht und wie sie funktionieren. Hellinger formuliert nicht nur eine therapeutische Methode, sondern zugleich eine Gegenstandstheorie, d.h. eine Theorie der Familie (König 2007, 146).

Die vielfältigen Versuche, die in den vergangenen Jahrzehnten unternommen wurden, die Erkenntnisse des Familienstellens für Organisationsaufstellungen nutzbar zu machen, folgen im Kern alle der gleichen Intuition: Die Methode des Systemaufstellens funktioniert nicht nur in Familien, sondern kann genauso für Organisationen hilfreich sein. Was Familien hilft, Verstrickungen zu erkennen und zu lösen, kann in gleicher oder doch sehr ähnlicher Weise auch Organisationen – also Systemen, die keiner familiären Logik folgen – helfen. Seltsamerweise übernehmen die allermeisten Autoren, die sich mit Organisationsaufstellungen beschäftigen, aber nicht nur die Methode des Systemaufstellens, sondern auch Elemente aus Hellingers Theorie der Familie. Diesem Transferfehler erliegen selbst versierte Organisationskenner wie Rosselet und Senoner in ihrem ansonsten äußerst klugen Buch, wenn sie mit Rückgriff auf Hellinger sowie Varga von Kibéd und Sparrer vier Prinzipien postulieren, die als „Grundregeln für das Funktionieren sozialer Systeme“ gelten sollen (Rosselet, Senoner 2010, 62). Hier wird also nicht nur eine Methode für einen anderen Anwendungsbereich nutzbar gemacht. Zusammen mit der Methode werden auch Elemente von Hellingers Theorie der Familie für die Gestaltung und Deutung von Organisationsaufstellungen adaptiert. Im Kontext der Aufstellungsarbeit besteht die wesentliche Gemeinsamkeit zwischen Familien und Organisationen allerdings allein darin, dass beide *Systeme* sind, die als solche durch die Interaktion ihrer Mitglieder sowie durch ihre Abgrenzung von anderen Systemen definiert sind. Eine Besonderheit mögen familiengeführte Unternehmen sein, die unter Umständen hinsichtlich ihrer inneren Funktionsweise durchaus Ähnlichkeiten mit den Dynamiken innerhalb einer Familie haben.

Eine Theorie der Familie ist nicht geeignet, Organisationen und ihre Komplexität auch nur annähernd zu erfassen.

Die sozialen Ordnungs- und Funktionsprinzipien von Familien unterscheiden sich wesentlich von denen in Organisationen. Der zentrale Unterschied ist dabei, dass – nach Bert Hellinger – in Familien *Ordnungen der Liebe* walten. Was in Familien geschieht und wie es geschieht, folgt der allem zugrundeliegenden Dynamik der Liebe. In Organisationen hingegen wird die Dynamik von Macht, Einfluss und Kontrolle organisiert, damit sie ihren Zweck bestmöglich erfüllen können. Dies kann auf sehr unterschiedliche Weise geschehen. Im Kern sind Ordnungen in Organisationen aber *Ordnungen der Macht.*

Im Detail unterscheiden sich Familien und Organisationen in folgenden Punkten:

Organisationssysteme	**Familiensystem**
• Organisationen dienen einem Zweck. • Basis der Beziehungen zwischen Organisationen und ihren Mitgliedern ist ein Vertrag. • Die Zugehörigkeit zu einer Organisation kann beendet werden. • Organisationen haben ein Management und eine institutionell in Kraft gesetzte Verfasstheit. Dabei gibt es Gestaltungsfreiheit. • Organisationen entwickeln Normen, Regeln und einen administrativen Apparat zu deren Umsetzung und Einhaltung. • In Organisationen entwickeln sich mikropolitische Strukturen, die zur Steuerung des Verhaltens ihrer Mitglieder beitragen.	• Familien sind Schicksalsgemeinschaften. • In Familien wird man hineingeboren. Es gibt keine Wahlfreiheit. • Die Einbindung in eine Familie ist nicht auflösbar. • Familiäre Strukturen sind vorgeprägt und die Grundstrukturen durch die Generationenfolge determiniert. • Familien entwickeln Normen und Regeln, aber keinen administrativen Apparat zu deren Umsetzung und Einhaltung. • Mikropolitische Strukturen haben wenig Bedeutung. Bestimmungsmacht geht stark mit der Position in der Generationenfolge einher.

Organisationssysteme	Familiensystem
• Organisationen entwickeln eine Kultur, die integrierend und absondernd wirken kann.	• Das Familiengewissen ähnelt der Kultur, ist aber mächtiger als diese.

Wer Aufstellungsarbeit in Organisationen nutzen will, sollte angesichts dieser fundamentalen Unterschiede nicht dem Fehler erliegen, mit der Methode des Systemaufstellens auch die Theorie über den Gegenstand Familie zu übernehmen. Aufstellungen in Organisationen brauchen ihre eigene Gegenstandstheorie. Man wird weder der Komplexität von Organisationen noch ihrer spezifischen Dynamik und Ausrichtung gerecht, wenn man sie mit der Familienbrille betrachtet. Eine Hermeneutik, die geeignet ist, Familien mit ihren Bindungen, Verstrickungen und Paradoxien zu deuten, ist deswegen nicht automatisch geeignet, Organisationen und ihre Innenwelten angemessen zu interpretieren und zu verstehen.

Was wir für Organisationsaufstellungen brauchen, ist eine eigene Gegenstandstheorie für Organisationen, die unsere Deutungen dessen leitet, was sich in einer Aufstellung im Organisationskontext zeigt. Nur so kann die Aufstellungsarbeit in Organisationen sich durch Transparenz und Nachvollziehbarkeit legitimieren. Ihre Annahmen können und müssen genauso diskutabel sein wie ihre Methode. Dafür muss beides explizit beschrieben werden. So wie die Gegenstandstheorie Familie uns hilft, uns in fremden Familienwelten zurecht zu finden, könnte eine Gegenstandstheorie Organisation es ermöglichen, in der komplexen, oft unübersichtlichen Welt von Organisationen einigermaßen versiert und sicher zu navigieren.

Auf dem Weg zu einer solche Gegenstandstheorie Organisation tun sich allerdings zwei größere Schwierigkeiten auf:

Die erste besteht darin, dass die *Arten und Formen von Organisationen* stark variieren können. Ihre Verschiedenheit und ihre spezifischen Besonderheiten gehen weit über die Unterschiedlichkeit hinaus, die heute die zunehmend vielgestaltige Welt der Familie kennzeichnet. Zu den wichtigsten Kennzeichen, anhand derer sich die Diversität von Organisationen skizzieren lässt, zählt zunächst deren *Größe*. So können eine von Eltern betriebene Kita mit zehn Kindern oder eine Freizeit-Volleyballmannschaft genauso gut als Organisationen verstanden werden, wie ein multinationales Unternehmen mit mehr als hunderttausend Mitarbeitern oder die global agierende Katholische Kirche mit mehr als einer Milliarde Mitgliedern.

Organisationen unterscheiden sich in den *Zielen*, die sie verfolgen. Besonders augenfällig ist in diesem Zusammenhang die Unterscheidung zwischen gewinnorientierten Unternehmen und Non-Profit-Organisationen (Suermann de Nocker, Tapken 2015), deren Ziel nicht primär monetärer Art ist. Aber auch Ziele und Zwecke von Non-Profit-Organisationen können variieren von politischer Aktion und Interessenvertretung, gemeinsamer Freizeitgestaltung bis hin zur Bereitstellung von Hilfe in Notlagen.

Weitere wichtige Kennzeichen sind die *Gestaltung interner Kommunikation und Abläufe* in der Organisation, die sehr hierarchisch oder eher netzwerkartig, formell oder informell sein können.

Die zweite Schwierigkeit ergibt sich daraus, dass derzeit *keine einheitliche und umfassende Organisationstheorie* zur Verfügung steht, auf die man im Bemühen, den Gegenstand Organisation zu beschreiben, zurückgreifen könnte. Je nach ihrem erkenntnisleitenden Interesse formulieren verschiedenen Wissenschaften jeweilige Teiltheorien, die sich aber nicht einfach in ein einheitliches Theoriekonzept integrieren lassen. Soziologische Organisationstheorien stehen neben psychologischen und betriebswirtschaftlichen, eher kommunikationsorientierte Perspektiven neben politischen, ökologischen oder systemtheoretischen.

Handlungsfelder in Organisationen

Gute Theoriemodelle dienen als Landkarten. Sie sind nicht die Landschaft selbst, helfen aber, sich in einer unübersichtlichen Landschaft zu orientieren und zurechtzufinden. Angesichts der enormen Verschiedenheit von Organisationsarten und -formen und des Fehlens einer allgemeingültigen Organisationstheorie liegt eine solche Theorie-Landkarte allerdings nicht vor.

Organisationsaufsteller brauchen eine Art Orientierungswissen, das ihnen hilft, sich selbst in den vielgestaltigen und bunten Organisationswelten zu orientieren und zudem ihren Klienten in Aufstellungen Orientierung zu ermöglichen.

Um ein solches Orientierungswissen zu entwickeln, ist unserer Meinung nach am ehesten eine deskriptiv-funktionale Herangehensweise geeignet. Nicht eine umfassende Organisationstheorie also, sondern eine Beschreibung derjenigen Dimensionen bzw. Handlungsfelder, die in allen Organisationen auf irgendeine Weise abzudecken und zu gestalten sind.

Wir beschreiben im Folgenden fünf solcher Dimensionen, wobei die fünfte die vorhergehenden vier bündelt und umfasst. Leiter von Systemaufstellungen in Organisationen sollten mit diesen typischen Handlungsfeldern in Organisationen insoweit vertraut sein, dass sie sie erkennen und sich nicht inhaltlich überrumpelt fühlen, wenn diese adressiert werden.

Aus der Kenntnis dieser Handlungsfelder können sich einige wichtige und Orientierung gebende Klärungen für den Aufstellungsleiter ergeben: Welchem dieser Handlungsfelder ist das Anliegen, das in der Aufstellung bearbeitet werden soll, zuzuordnen? Warum werden in einer Organisation alle aufkommenden Schwierigkeiten durch die Bezugnahme auf eine bestimmte Dimension erklärt, während die anderen nie zur Sprache kommen? Warum beispielsweise lautet das gängige Narrativ in der Organisation, dass alle Probleme mit der Dimension Führung zu tun haben und sich von dorther erklären, und warum werden andere relevante Dimensionen (wie etwa Kommunikation oder Struktur) gar nicht bedacht? Drückt sich darin mangelhafte Analyse oder eher ein unbewusstes Vermeiden und Umschiffen des eigentlichen Problems aus?

Die fünf Handlungsfelder, die wir als relevant erachten, sind: Sinn und Bedeutung, Führung und Macht, Kommunikation, Strukturen und Prozesse, Kultur. Sie stehen nicht nebeneinander, sondern sind untereinander verbunden und beeinflussen sich gegenseitig.

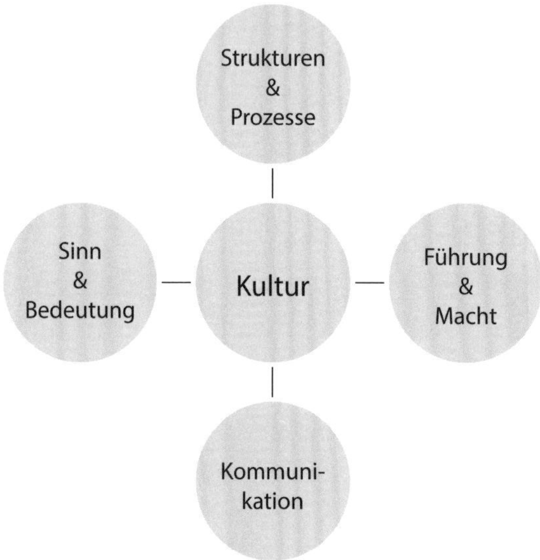

Jedes dieser fünf Handlungsfelder ist definiert durch eine ganze Reihe von Teiltheorien und Erklärungsmodellen. In ihrem Zusammenspiel ergeben diese Teiltheorien zwar keine umfassende gesamtheitliche Organisationstheorie. Sie können aber des Organisationsterrain sowohl in seiner Ausdehnung als auch in seinen tieferen Schichten beschreiben und bieten somit eine Orientierungshilfe für die Navigation. Die Komplexität der einzelnen Handlungsfelder und die Vielzahl von Theorien und Modellen, die zu ihrer Beschreibung herangezogen werden können, ist der Grund dafür, dass wir Aufstellungsarbeit in Organisationen in gewisser Hinsicht für anspruchsvoller und herausfordernder halten als die Aufstellungsarbeit in Familien. Letztere hat zwar oftmals mit Situationen zu tun, die naturgemäß emotional aufgeladener sind als in Organisationen. Der Kosmos Familie ist aber bedeutend überschaubarer und vertrauter und hat klarere Strukturprinzipien als dies in der pluriformen und oftmals komplexen Welt der Organisationen der Fall ist.

Dies muss nicht zur Folge haben, dass Organisationsaufsteller über ein detailliertes Fachwissen in allen fünf Dimensionen verfügen müssen. Dies gilt schon deshalb, weil Aufstellungsarbeit in Organisationen keine Fachberatung darstellt. Es ist aber unserer Meinung nach unprofessionell und blauäugig, an die Beratung von Organisationen mittels Systemaufstellungen heranzugehen, ohne die zentralen Handlungsfelder und Funktionsprinzipien von Organisationen zumindest in einer gewissen inhaltlichen Tiefe zu kennen. Ein Beispiel: Zum Handlungsfeld Struktur und innere Organisation gehört unter anderem die Organisation der Ressource Zeit. Im Unternehmenskontext beinhaltet dies in der Regel Themen wie Arbeitszeitregelungen, alternative Arbeitszeitmodelle und natürlich auch die Frage angemessener Vergütung (etwa für Überstunden oder andere Mehraufwände). Aufstellungsleiter müssen keine Fachleute für Arbeitszeitmodelle sein. Im Gegenteil ist es eher unproduktiv, wenn sie im Rahmen einer Aufstellung auch nur entfernt eigene inhaltliche Vorstellungen oder Lösungsmodelle einbringen. Und dennoch ist es hilfreich, wenn sie verstehen, womit Unternehmen sich beschäftigen, wenn sie über Arbeitszeiten sprechen, und welche Fragen und Unsicherheiten, welche Verpflichtungen und Implikationen dann zusammen mit dem konkreten Anliegen gleichzeitig den Raum der Aufstellung bevölkern. Ähnliches gilt für das Thema Geld: Bilanzen, Finanzen, laufende Verpflichtungen und Liquidität stellen für Profit- und auch für viele Non-Profit-Organisationen einen Bereich dar, der ein hohes Maß an Aufmerksamkeit und Energie bindet. Um dieses adäquat in Organisationsaufstellungen zu bearbeiten, brauchen Aufstellungsleiter natürlich kein Studium der Betriebswirtschaft. Sie sollten aber sinnvollerweise die Funktionsbezeichnungen und die Kernaufgaben sowie die typischen Herausforderungen und Schwierigkeiten derjenigen kennen, die sich in Unternehmen mit dem Finanzmanagement, dem Vertrieb, dem Controlling usw. beschäftigen.

Wir stellen im Folgenden die fünf Handlungsfelder, die jede Organisation regeln und adressieren muss, jeweils kurz vor. Es handelt sich dabei allenfalls um Skizzen, die die jeweilige Dimension kurz beschreiben und für zentrale Aspekte sensibilisieren wollen.

4.1 Struktur und Prozesse

Sobald eine Organisation mehr ist als eine informelle Gruppe, muss sie Strukturen und Prozesse definieren. Es ist zu klären, wie Absprachen getroffen werden und wer für was zuständig ist. Solche Aufbau- und Ablaufregelungen werden in einem großen internationalen Industriekonzern unendlich vielschichtiger und differenzierter sein als in einem Sportverein. Und dennoch sind die Fragen, die dabei zu regeln sind, oftmals durchaus ähnlich.

Wie werden Entscheidungen getroffen? Wie werden Konflikte adressiert und gelöst? Wer hat worüber Bestimmungsmacht? Wie wird Leistung kompensiert?

Wie halten wir den Kontakt zu unserem Umfeld? Welche kundenbezogenen Prozesse sichern Aufträge und Umsatz? Wie können Effektivität und Effizienz in allen Unternehmensbereichen kontinuierlich optimiert werden?

Wir haben zu Beginn dieses Kapitels schon darauf hingewiesen, dass es derzeit kein allgemein anerkanntes und wissenschaftlich fundiertes Organisationsmodell gibt. Das St. Galler Management-Modell ist allerdings gut geeignet, gerade solchen Personen einen ersten Überblick über Organisationsstrukturen und -prozesse zu verschaffen, die wenig vertraut sind mit der Vielzahl von Anforderungen, die gerade große Organisationen strukturell zu klären haben. Das Modell ist ein an der Universität St. Gallen konzipierter Management-Bezugsrahmen, der seit den 60er Jahren beständig weiterentwickelt wird und versucht, die Komplexität von Management in ein interdisziplinäres und dynamisches Modell zu integrieren (Ruegg-Stürm, Grand 2017). Seine Bedeutung für Leiterinnen von Systemaufstellungen in Organisationen kann in seiner

Funktion als Referenz- und Überprüfungsrahmen bestehen. Keine Aufstellung kann und sollte die Komplexität des St. Galler Modells abbilden oder irgendwie replizieren. Ganz im Gegenteil: Der Mehrwert von Aufstellungen besteht oftmals darin, Komplexität sinnvoll auf zentrale Systemkomponenten zu reduzieren. Dennoch kann das Modell dazu dienen, sich zu fragen, ob evtl. wichtige und für die Fragestellung entscheidende Elemente übersehen wurden. So kann es beispielsweise geschehen, dass eine Organisation in einer Aufstellung ausschließlich auf sich selbst schaut, aber erst dann das vorgefundene Dilemma aufzulösen und eine neue Perspektive zu erarbeiten vermag, wenn ein Stellvertreter für die Anspruchsgruppe der Kunden aufgestellt wird.

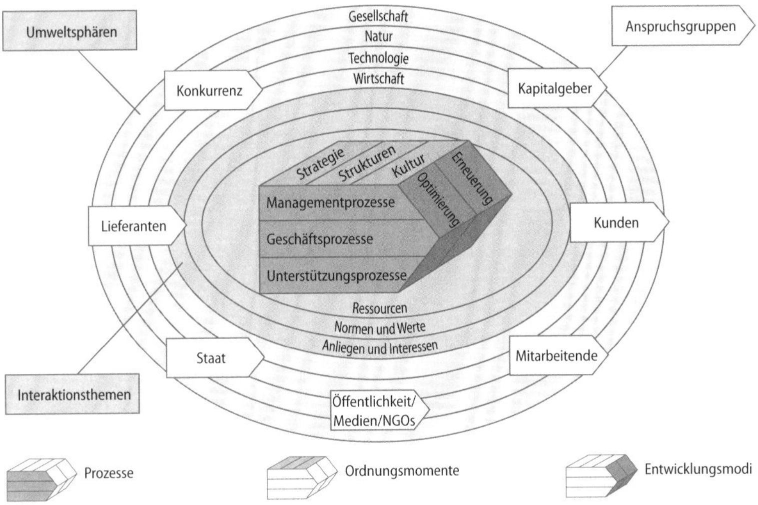

Abb.: St. Galler Management Modell, in: Ruegg-Stürm, Grand 2017

Eine im deutschsprachigen Gebiet entstandene, weit verbreitete und immer noch hilfreiche Differenzierung in der Organisationstheorie unterscheidet zwischen *Aufbauorganisation* und *Ablauforganisation*. Während sich die Aufbauorganisation hauptsächlich mit der statischen Strukturierung einer Organisation in Einheiten (Stellen, Abteilungen, Bereiche) beschäftigt, bezeichnet die Ablauforganisation dynamische Arbeitsprozesse und regelt sie unter Berücksichtigung von Raum, Zeit und Ressourcen. Viele Organisationen erleben derzeit allerdings, dass sowohl die etablierten Ordnungen in der Aufbauorganisation als auch die vertraute Prozesslogik in der Ablauforganisation oftmals nicht mehr greifen;

sie werden deswegen schon seit einiger Zeit einer intensiven Revision unterzogen.

Die vertraute Form der Aufbauorganisation ist die hierarchische. Die meisten Organisationen strukturieren sich, sobald sie eine gewisse Größe erreichen, indem sie Verantwortung und Entscheidungsbefugnisse staffeln und sich eine hierarchische Ordnung geben. Diese Über- und Unterordnung hat zahlreiche Vorteile. Sie liegen vor allem darin, dass Zuständigkeiten und Verantwortung präzise beschriebenen werden. Aber auch ihre Nachteile werden zunehmend sichtbarer. Dazu zählen: umständliche Entscheidungswege, langsame Reaktionsgeschwindigkeit, wenig Innovation und Flexibilität, Besitzstandsdenken.

Viele Start-ups oder kleine Organisationen verzichten deswegen bewusst auf hierarchische Strukturen und wählen stattdessen eine Netzwerkorganisation. Sie setzen auf schnelle Entscheidungen auf Augenhöhe und Selbstorganisation unter den Mitgliedern der Organisation. Die Vorteile liegen auf der Hand: Netzwerkorganisationen sind agiler, weniger bürokratisch und passen sich Veränderungen flexibler und schneller an. Auch große Organisationen sehen diese Vorteile durchaus, sind aber auch in der Pflicht, Verantwortung verlässlich und rechtssicher zu ordnen, was wiederum in hierarchischen Strukturen leichter fällt. John Kotter hat dieses Dilemma adressiert, indem er vorschlägt, dass Organisationen zwei parallele Systeme etablieren sollten. „Die täglichen Anforderungen bei der Steuerung eines Unternehmens können nicht einfach außer Acht gelassen werden. Und genau dafür sind traditionelle Hierarchien und Managementprozesse geeignet, sie stellen für mich das Betriebssystem einer Organisation dar. Weniger hilfreich sind sie jedoch, wenn es darum geht, potentielle Gefahren und Gelegenheiten zu identifizieren, schlagkräftig kreative strategische Imperative zu formulieren und diese mit hohem Tempo umzusetzen. Genau deshalb brauchen die etablierten Strukturen eine Ergänzung. Meines Erachtens besteht die Lösung im Aufbau eines zweiten Betriebssystems mit agilen, netzwerkartigen Strukturen und gänzlich anderen Prozessen, das allein der Entwicklung und Umsetzung neuer Strategien dient“ (Kotter 2015, 82).

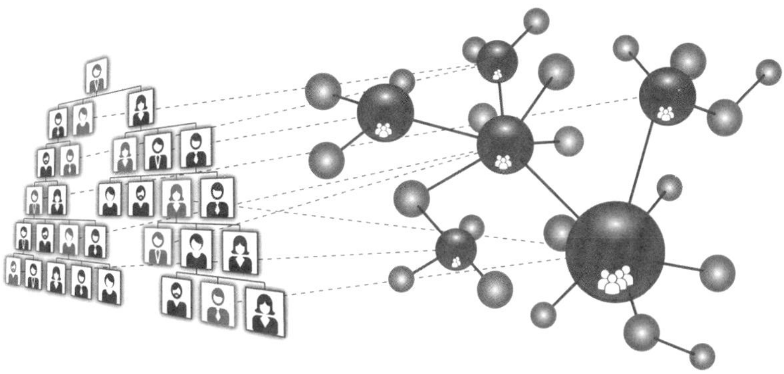

Abb.: Zwei parallele Betriebssysteme, in: Kotter 2014

Sehr viele Unternehmen versuchen zurzeit schon, derartige parallele Betriebssysteme aufzubauen bzw. haben die Notwendigkeit erkannt und bewegen sich in diese Richtung. Nur kleine Start-up-Unternehmen können sich erlauben, ausschließlich auf netzwerkartige und flache Strukturen zu setzen und nur überschaubare kleine oder mittlere Unternehmen kommen mit einer streng hierarchischen Organisationsform noch zurecht. In vielen Unternehmen und Organisationen haben sich – zumindest in Ansätzen – schon parallele Organisationsformen etabliert. Für die Führungskräfte dieser Unternehmen wird damit aber die alltägliche Führungsarbeit noch anspruchsvoller. Die meisten kommen aus einer hierarchischen Tradition und müssen jetzt nicht nur lernen, mit einem dynamischen netzwerkartigen Betriebssystem zurecht zu kommen, sondern sie sollen auch noch in der Lage sein, situativ zwischen beiden Betriebssystemen hin- und herzuwechseln.

Das Ziel der Ablauforganisation ist es, Handlungen und Prozesse innerhalb einer Organisation so zu optimieren, dass die materiellen und personellen Ressourcen optimal genutzt werden. Mittel dazu sind eine klare Aufgabenverteilung sowie die detaillierte Beschreibung und Strukturierung der vielfältigen Prozesse innerhalb der Organisation. Aber auch diese klassische Ablauforganisation sieht sich mit massiven Herausforderungen konfrontiert. Diese werden oftmals in dem Akronym VUCA zusammengefasst. Der Begriff VUCA (*Volatilty – Uncertainty – Complexity – Ambiguity*) entstand in den 90er Jahren des vergangenen Jahrhunderts im US-amerikanischen Militär, um den veränderten Kontext und die neue Art und Weise zu beschreiben, in denen Militärs Entscheidungen treffen mussten. Inmitten des sogenannten *fog of war* waren Soldaten gezwungen, in unübersichtlichen und sich beständig verändernden Situation schnell nachvollziehbare Entscheidungen zu treffen. Inzwischen hat VUCA Eingang in die allgemeine Organisations- und Managementliteratur gefunden. Das mit VUCA Gemeinte scheint gut geeignet, all die Veränderungsphänomene zu beschreiben und zu bündeln, denen Organisationen sich derzeit ausgesetzt sehen.

- *Volatility (Flüchtigkeit)*: Politische, wirtschaftliche und soziale Veränderungen, die auf Organisationen zurückwirken und auf die diese reagieren müssen, beschleunigen sich zunehmend. Flüchtigkeit bedeutet: Die Stabilität und Vorhersagbarkeit nehmen ab; Ereignisse verlaufen drastischer und schneller, so dass der Zusammenhang von Ursache und Wirkung immer schwerer zu analysieren ist und somit zunehmend undurchschaubarer wird.
- *Uncertainty (Ungewissheit):* Die Vorhersehbarkeit und Berechenbarkeit nehmen rapide ab. Manager, zu deren zentralen Aufgaben es bisher gehörte, verlässliche Planungen zu erstellen und Unternehmen durch Anweisung und Kontrolle steuerbar und zukunftsfähig zu machen, erleben, dass die Planbarkeit an Grenzen kommt. Es fällt immer schwerer, aus den Erfahrungen der Vergangenheit Strategien und Verhaltensweisen für die Zukunft zu extrapolieren.
- *Complexity (Komplexität):* Phänomene werden dann komplex, wenn die Anzahl ihrer Einflussfaktoren steigt. Aufgrund ihrer zunehmenden internen und externen Vernetzung kann man davon ausgehen, dass die meisten Organisationen heute als komplexe Gebilde zu verstehen sind. Komplexität bringt aber Unübersichtlichkeit und Undurchschaubarkeit mit sich; Kausalitäten und Abhängigkeiten sind nicht mehr eindeutig dechiffrierbar. Von den vier VUCA-Begriffen hat sich Komplexität zu einem der wirkmächtigsten Beschreibungen der derzeitigen Unternehmens- und Organisationswelten entwickelt. Bedeutsam ist hier vor allem die Unterscheidung von komplizierten und komplexen Systemen. Viele Organisationen werden geführt wie ein kompliziertes System, obwohl sie in Wahrheit komplexe Systeme sind. Die Ursachen dafür liegen zum einen in der mangelnden Vertrautheit von Führungskräften mit der Steue-

rung komplexer Systeme. „Wenn Sie komplexe Systeme untersuchen, stellen Sie fest, dass keines von ihnen auf Hierarchien basiert. Hierarchien können mit Komplexität nicht umgehen. Das menschliche Gehirn beispielsweise besteht aus etwa 85 Milliarden Zellen. Keine davon ist ein CEO." (Laloux 2018, 19). Viele Manager fühlen sich sicher, wenn sie im Rahmen des klassischen *top-down-* bzw. *command-and-control-*Stils agieren können. Zum anderen darf man aber auch vermuten, dass manche Führungskräfte vor einem an komplexe Situationen angepassten Stil zurückschrecken, da sie spüren, dass damit ein Verlust an Macht und hierarchischer Anerkennung einhergeht. Die wesentlichen Unterschiede zwischen komplizierten und komplexen Systemen lassen sich so zusammenfassen:

Komplizierte Systeme	**Komplexe Systeme**
• statisch • verstehbar • vorhersehbar und planbar • lineare Kausalität • widerspruchsfrei • kontrollierbar • entspricht den Erwartungen	• lebendig, in Bewegung • ergebnisoffen • voller Zufälle, nicht vorhersehbar • undurchschaubare Kausalität • uneindeutig, emergent • nicht steuerbar • voller Überraschungen

„Kompliziertes agiert vorhersagbar. Es gibt keine Überraschungen, keine Unsicherheit und keine Subjektivität. Komplizierte Systeme können mithilfe von Ursache-Wirkungsketten beschrieben werden. Sie sind extern kontrollierbar. Ein Hochpräzisionsgerät ist kompliziert: Es wird alles versucht, um die Präzision zu erhöhen. Eine Uhr wird z. B. so entwickelt, dass sie dauerhaft ohne Fehler funktioniert. (...) Komplexes erzeugt Überraschung. Es besteht aus lebendigen Organismen – oder diese haben Anteil daran. Diese Systeme sind lebendig – deshalb können sie sich in jedem Moment verändern. Derartige Systeme sind von außen beobachtbar, aber nicht kontrollierbar. Das Verhalten komplexer Systeme ist nicht vorhersagbar. Hier ist immanent, dass Fehler entstehen, dass Unsicherheit herrscht und dass sie ein deutlich höheres Niveau von Irrtum erzeugen als Kompliziertes. (...) Komplexe Organisationen wie komplizierte Systeme zu behandeln ist ein fundamentaler Denkfehler oder eine überzogene Vereinfachung." (Pfläging 2013, 15)

- *Ambiguity (Mehrdeutigkeit):* Phänomene verlieren ihre Eindeutigkeit; sie sind nicht mehr schwarz oder weiß, sondern bunt. Selten sind Situationen präzise bestimmbar und die Schlussfolgerungen zwingend. Eher bleiben sie vieldeutig und unbestimmt. Dennoch müssen Entscheidungen getroffen und Richtungen eingeschlagen werden. Das erfordert von Organisationen Ambiguitätstoleranz, die Fähigkeit also, mit Unsicherheiten umzugehen und Nicht-Wissen zu ertragen. Klarheit ist ein emergentes Phänomen und ergibt sich erst im Beschreiten des Weges.

4.2 Führung und Macht

Die Gestaltung von Macht und Führung tangiert Organisationen auf sehr unterschiedlichen Ebenen und auf sehr verschiedene Weise. Dieses Thema zählt zu den sensibelsten und zugleich wichtigsten Elementen in jeder Organisation. Es muss durch Organisationsstrukturen, Prozessvorgaben und die Definition von Befugnissen geregelt werden. Dabei handelt es sich um normative Setzungen, deren Umsetzung im Organisationsalltag gesteuert und kontrolliert werden muss. Zugleich mischen sich in eben diese praktische Steuerung von Macht und Führung in einer Organisation soziale, gruppendynamische und psychologische Einflussfaktoren, die sich der unmittelbaren Gestaltung oftmals entziehen.

Dass es Räume oder soziale Bereiche gibt, in denen Macht keine Rolle spielt, ist eine Illusion. Zwar wird die Hoffnung immer wieder einmal lebendig, es möge doch Formen des menschlichen Miteinanders geben, in denen die Machtfrage keine Rolle spielt. Die Realität ist allerdings:

Überall, wo Menschen miteinander leben oder arbeiten, ist Macht im Spiel.

Das Erleben von Macht ist individuell sehr unterschiedlich und biografisch geprägt. Von den ersten Momenten seines Lebens an – in der Familie, dann in der Schule, im Freundeskreis, irgendwann am Arbeitsplatz – erfährt jeder Mensch Machtausübung und Autorität. Diese Erfahrungen können geprägt sein von Wollwollen, Zuwendung, Unterstützung, Klarheit und Respekt der eigenen Autonomie, oder auch von Grenzverletzung, Druck, Missverständnis und Gewalt, am wahrscheinlichsten von irgendeiner Mischung aus alldem. Deswegen erlebt jeder Mensch Macht und die damit verbundenen Fragen nach Autorität und Führung anders: als spannend, attraktiv, beängstigend, bedrückend oder verunsichernd. Autorität und Führung können Machtwünsche oder Ohnmachtsgefühle auslösen.

Gerade weil das der Fall ist und die Machtfrage immer eine psychologisch aufgeladene ist, sind Organisationen gut beraten, sie transparent und nachvollziehbar zu klären. Unsere Erfahrung ist, dass dies allerdings oftmals nicht der Fall ist. Dabei gilt: Je klarer Machtrollen, Hierarchien und Führungsverantwortung und die damit verbundenen Befugnisse definiert und kommuniziert werden, umso besser für die Beteiligten.

Was Führung ist und wie sie am besten gestaltet werden sollte, ist in den vergangenen Jahrzehnten Gegenstand umfangreicher Forschung und theoretischer Weiterentwicklung gewesen. Dabei haben sich verschiedene Führungsparadigmen abgelöst. Ansätze, die das angeborene Charisma und den Charakter von Führungspersönlichkeiten in den Vordergrund rückten, machten Theorien Platz, die danach fragten, welches konkrete Führungsverhalten und welche Führungsstile sich als die effektivsten erweisen. Dieser eher verhaltensorientierte Ansatz wurde später ergänzt durch die Theorie der situativen Führung (d.h. der richtigen Passung von Schwierigkeitsgrad der Aufgabe und jeweiligen Mitarbeiterkompetenz) sowie systemisch-konstruktivistische Führungsansätze, die Aspekten wie Rolle und Systemrelevanz eine große Bedeutung beimessen.

Führung und ihre Rolle in einer Organisation sind also nicht eindeutig festgeschrieben. Das Führungsverständnis, das derzeit die größte Zustimmung in der Führungsforschung findet, ist die sog. Transformationale Führung. Sie betont sehr stark den Vorbildcharakter der Führungspersönlichkeit sowie die Motivation der Geführten durch individuelle Unterstützung und Anregung. Persönliche Authentizität des Führenden sowie passgenaue individuelle Förderung der Geführten machen den Kern dieses Ansatzes aus.

Die Aufstellungsarbeit bietet den Vorteil, Machtverhältnisse leicht anschaulich zu machen. Zum einen lassen sich formale Führungsstrukturen aufstellen und auf ihre Stimmigkeit sowie ihre Wirkung auf die Beteiligten überprüfen. Zum anderen ist es möglich, insbesondere auch informelle Machtverhältnisse aufzustellen und somit bearbeitbar zu machen. Hier lautet die Frage: Wer hat Interesse an einer bestimmten Fragestellung und nimmt Einfluss darauf? Genau dieser Frage geht die sogenannte *Stakeholder-Analyse* nach. Mit dem Begriff ‚Stakes' sind ursprünglich die Stäbe gemeint, mit denen jemand sein Interessengebiet markiert. Stakeholder sind also diejenigen, die ein Interesse an einer Sache haben und gegebenenfalls Einfluss darauf ausüben können. Stakeholder prägen das Kraftfeld, das sich um eine Sache herum aufbaut. Wie und mit welcher Energie sie es tun, hängt vor allem von zwei Faktoren ab: (a) dem realen *Einfluss*, den sie in einer spezifischen Angelegenheit haben. Dieser ist in der Regel beim Vorgesetzten höher als bei einem Mitarbeiter. In stark mitbestimmungsorientierten Unternehmen kann auch der Einfluss des Betriebsrates sehr ausgeprägt sein. Nicht selten üben aber einzelne Personen oder kleine Gruppen einen enormen Einfluss aus, weil ihnen viel an einer Sache liegt oder sie sich bestimmte Vorteile von deren Durchsetzung erhoffen. (b) Der zweite Faktor ist das Maß der *Unterstützung*. Unterstützen die Stakeholder ein spezifisches Anliegen, sind sie neutral, oder bekämpfen sie es eher? Eine Stakeholder-Analyse fragt deswegen: Wer hat ein Interesse an dieser Sache? Wer hält die Trümpfe in der Hand? Wer übt wie stark und in welche Richtung Einfluss aus? Wer vermag die Umsetzung einer Sache zu gefährden?

4.3 Kommunikation

Wer als Berater oder Trainer in Organisationen tätig ist und dort in Workshops oder Seminaren mit Mitarbeitenden zu tun hat, wird unweigerlich mit dem Thema Kommunikation konfrontiert. Geht es darum, aktuelle Schwierigkeiten zu beschreiben, begegnen fast immer Aussagen wie: „Unsere Kommunikation funktioniert nicht.“ „Hier wird gar nicht kommuniziert.“ „Wenn wir nicht lernen, besser miteinander zu sprechen, wird das hier alles nichts.“ An guter Kommunikation hängt alles. Und man wird das Gefühl nicht los: Sie ist niemals gut genug. Zweifellos aber gilt: Die Qualität der Kommunikation beeinflusst die Qualität der anderen Handlungsfelder in einer Organisation, bisweilen sogar erheblich. Wenn wenig oder schlecht kommuniziert wird, werden auch alle Prozesse zur Entscheidungsfindung und Konfliktlösung kaum befriedigend ablaufen. Nicht gelingende Kommunikation ist dabei zum einen die Ursache von Problemen in anderer Handlungsfeldern. Zum anderen ist sie aber auch deren Symptom. Wenn Strukturen unklar und Abläufe dysfunktional organisiert sind, wirkt sich das auf die Qualität der Kommunikation aus. Sie wird damit zu einem wichtigen Gradmesser für das gesamte Funktionieren einer Organisation. Aber nicht alles, was als Kommunikationsproblem deklariert wird, ist wirklich ein solches. Die eigentliche Schwierigkeit kann in einem ganz anderen Handlungsfeld der Organisation liegen, wird aber vielleicht damit (noch) gar nicht in Zusammenhang gebracht.

Die meisten Beraterinnen, die gebeten werden, eine Organisation zu unterstützen, bringen durch ihre Ausbildung ein gutes Verständnis für die zentrale Bedeutung von Kommunikation und ihre vielfältigen Stolperfallen mit. In der Regel sind sie vertraut mit den gängigen Kommunikationsmodellen und haben damit Instrumente zur Hand, um ihre Klientinnen auf unglückliche und dysfunktionale Kommunikationsmuster hinzuweisen und sie darin zu unterstützen, hilfreichere und zielführende Kommunikationsformen zu entwickeln.

Anders sieht es nach unserer Erfahrung oftmals mit den Führungskräften innerhalb einer Organisation aus. Zumeist kommen sie in eine Führungsrolle hinein, weil sie sich in ihrem Spezialgebiet fachlich bewährt haben. Sie sind also eigentlich Fachkräfte, die sich nun mit einem Mal in der Führungsrolle vorfinden. Bestenfalls dürfen sie zu Beginn ihrer Führungstätigkeit an ein oder zwei Führungskräfteentwicklungsmaßnahmen teilnehmen. Sie greifen deswegen in ihrer Führungstätigkeit, die zu einem Großteil nichts anderes verlangt als beständig mit Mitarbeitenden zu kommunizieren, auf kommunikatives Erfahrungswissen zurück, das sie irgendwann in ihrem Leben einmal gesammelt haben.

Organisationsaufstellungen bilden zum einen das Kommunikationsgeschehen in einer Organisation in seinen vielen Facetten ab. Zum anderen ist die Aufstellung selbst ein kommunikatives Ereignis.

Eine erste hilfreiche Differenzierung, um die Kommunikation in einer Organisation zu verstehen liefert das bekannte Modell der vier Ebenen von Kommunikation von Friedemann Schulz von Thun:

- *Inhaltsaspekt:* die Information über Sachverhalte
- *Selbstoffenbarung:* die Information über uns selbst
- *Appellaspekt:* die implizite Aufforderung an den Adressaten, etwas Bestimmtes zu tun
- *Beziehungsaspekt:* die implizite Aussage über die Beziehung zwischen den Gesprächspartnern

Jegliche Art von Kommunikation hat demzufolge vielfältige Facetten: eine unmittelbar erkennbare und manifeste Seite und eine eher implizite, verborgene und nicht immer sofort dechiffrierbare Seite. Dies gilt auch im Blick auf Organisationen als Ganze: Sie haben eine offizielle Kommunikation. In Broschüren oder Webseiten beschreiben sie sich selbst, ihre Werte, Ziele, Leitbilder sowie Services, Produkte und Organisationseinheiten. Daneben gibt es andere Ebenen der Kommunikation, die z. B. das beinhalten, was Organisationen von ihren Mitgliedern erwarten, ohne es offen auszusprechen (Appelle) oder was Mitarbeitende hinter vorgehaltener Hand über das Unternehmen sagen.

4.4 Sinn und Bedeutung

Es ist kaum vorstellbar, dass vor einhundert Jahren ein Buch, das sich mit Organisationen und den für sie relevanten Handlungsfeldern beschäftigt, einen Abschnitt über Sinn und Bedeutung enthalten hätte. Noch bis vor einigen Jahrzehnten hätte es beispielsweise ein Wirtschaftsunternehmen als unnötig empfunden, die Frage nach Sinn stellen und beantworten zu sollen. Das hat sich grundlegend geändert. Kein Unternehmen, keine Organisation kommt heute an der Frage vorbei, warum es sie überhaupt gibt. Worauf ist diese Veränderung, die uns veranlasst, in diesem Buch Sinn und Bedeutung als eigenständiges Handlungsfeld zu beschreiben, zurückzuführen? Wie hat sich die Welt, in der sich Organisationen bewegen und in der sie etwas bewegen wollen, gewandelt, so dass sie um die Sinn-Frage nicht herumkommen?

Je nachdem, wie man in diesem Zusammenhang die Frage nach dem Sinn akzentuiert, ergeben sich unterschiedliche Perspektiven zu ihrer Beantwortung. Drei dieser Perspektiven halten wir für besonders bedeutsam.

Beginnen wir mit einer sehr grundsätzlichen Betrachtungsweise. Sie ergibt sich anknüpfend an eine bekannte These des französischen Philosophen Jean-François Lyotard (2012). Er gilt als einer der wichtigsten Denker zur Postmoderne und seiner Auffassung nach ist die gegenwärtige Zeit, eben die Postmoderne, vom Ende der großen Erzählungen vom Sinn des Seins gekennzeichnet. Menschen früherer Jahrhunderte konnten auf gesamtgesellschaftlich anerkannte Weltanschauungen, Auffassungen und Deutungen von Sinn zurückgreifen, die politischer, philosophischer oder religiöser Natur waren. Sie gehörten zum gesellschaftlichen Konsens, konnten vorausgesetzt und mussten nicht begründet werden. Sowohl das christliche System aus Glauben, Ethik und Gemeinschaftsverständnis als auch die marxistisch-kommunistische Wirtschafts- und Gesellschaftstheorie sowie das philosophische Menschenbild und Sozialkonzept der Aufklärung haben, so Lyotard, heute nicht (mehr) den Stellenwert allgemein anerkannter Weltanschauungen. All diese großen Erzählungen vom Sinn haben ihre allgemeine Anerkennung verloren. Ihr selbstverständlicher Wahrheitsgehalt ist in Frage gestellt und ihre Allgemeingültigkeit verloren.

Was bedeutet das im Zusammenhang unserer Überlegungen zu relevanten Handlungsfeldern in Organisationen? Organisationen früherer Zeiten mussten sich die Frage nach Sinn und Bedeutung der Organisation selbst bzw. nach der Sinnhaftigkeit ihres Handelns nicht stellen, da sie Teil eines gesamtgesellschaftlichen Kontextes waren, der diesen Sinnzusammenhang schon definiert hatte. Das Ende der großen Erzählungen vom Sinn hat eine Fülle von Konsequenzen: Für Individuen oder Familien bedeutet es, dass sie sich nicht mehr in einem einheitlichen Sinnhorizont bewegen, sondern in vielgestaltigen, kleinformatigen und oftmals kurzlebigen Sinnzusammenhängen. Was in der Schule gilt, gilt vielleicht nicht mehr im Sportverein, den die Kinder direkt danach besuchen. Die Werte, die die Eltern ihren Kindern mitzugeben versuchen, kollidieren mit denen, die die Kinder erleben, wenn sie Youtube-Videos schauen und sie befinden sich wiederum in einer ganz anderen Welt (mit eigenen Werten und Sinn-Konstrukten), wenn sie mit Freunden in einer Chat-Gruppe kommunizieren. Kleinteilige Sinn-Inseln stehen unverbunden nebeneinander und ergeben kaum ein sinnvolles Ganzes. Das Fehlen übergreifender, großer Erzählungen vom Sinn führt dazu, dass Einzelne, Gruppen und eben auch Organisationen Sinn selbst definieren müssen. Die Tatsache, dass Organisationen Unternehmensleitbilder und Werte definieren, dass sie in Führungsleitbildern beschreiben, wie sie sich gute Führung vorstellen, macht deutlich: Sie können dazu nicht auf einen vorgegebenen Konsens zurückgreifen, spüren aber die Notwendigkeit, Aussagen darüber zu machen, welche Werte und Haltungen sie als wichtig erachten und für welche Vision sie stehen.

Diese grundsätzliche, gleichermaßen philosophische wie soziokulturelle Perspektive lässt sich durch andere eher praktisch-konkrete ergänzen. Sie betrifft insbesondere die hohe Fluktuation und die beschleunigte Veränderung im Arbeitsleben. Zeit seines Lebens für ein und dasselbe Unternehmen zu arbeiten, stellt heute eher eine Ausnahme dar. Menschen wechseln ihren Arbeitgeber schneller und häufiger als früher. Zuweilen ist ein solcher Wechsel sogar mit einer grundsätzlichen beruflichen Neuorientierung verbunden. Aber auch wenn sich jemand lange an ein Unternehmen bindet, so ist doch die Wahrscheinlichkeit sehr gering, dass er heute noch genau das macht, wofür er irgendwann eingestellt wurde. Die Konstante in der individuellen beruflichen Biografie liegt also häufig nicht auf der Was-Ebene, die schnellen Veränderungen unterworfen ist. Dementsprechend folgt die Identifikation mit einem Unternehmen weniger den hergestellten Produkten oder den angebotenen Dienstleistungen, sondern vielmehr der Frage nach dem Warum. Der US-amerikanische Unternehmensberater Simon Sinek ist in den vergangenen Jahren mit einer einfachen, aber wahren Idee berühmt geworden: Er weist darauf hin, dass Einzelne, aber auch Organisationen heute drei Fragen beantworten müssen: Was wollen wir tun? Wie wollen wir es tun? Und warum wollen wir es tun? Sinek (2014) ist der Überzeugung, dass die Warum-Frage die zentrale und wichtigste ist. Sie ist aber im Kern die Frage nach dem Sinn, nach der tiefsten Motivation: Was treibt uns an? Was möchten wir mit dem, was wir tun, in die Welt bringen? Wozu braucht es uns?

Ein dritter Ansatz, um die Bedeutung der Sinn-Frage im Organisationskontext zu erfassen, ergibt sich im Anschluss an die Überlegungen von Frederic Laloux in seinem Buch *Reinventing Organizations* (2015). Für Laloux spielt bei der Frage, weswegen Menschen gerne Teil einer Organisation oder eines Unternehmens sein wollen, Sinnstiftung eine sehr zentrale Bedeutung.

Menschen fühlen sich dann in einem Unternehmen wohl und sind dann motiviert, sich einzubringen und zu engagieren, wenn sie dort Bedeutungen und Sinndefinitionen finden, die mit ihren persönlichen Überzeugungen konvergieren.

Laloux vertritt dabei ein organisch-evolutionäres Bild von Organisationen. Sie sind für ihn lebendige Organismen, die eine Dynamik und einen Drang zur Weiterentwicklung in sich tragen. Für Laloux berührt die Sinn-Frage in Organisationen dabei gleichermaßen persönliche Motive einzelner Menschen wie auch Zukunftsthemen der Gesamtorganisation. Auf individueller Ebene diagnostiziert Laloux ein wachsendes Bedürfnis nach ganzheitlicher Selbstverwirklichung. Mitarbeiterinnen eines Unternehmens oder einer Organisation wollen demnach in ihrer Arbeit nicht nur mit einem kleinen Teil ihrer Persönlichkeit präsent sein, demjenigen nämlich, den das Unternehmen gerade gebrauchen kann. Sie möchten möglichst alle Facetten der eigenen Persönlichkeit einbringen und ihre Arbeit in einem ganzheitlichen Sinn als Möglichkeit der Selbstverwirklichung und Weiterentwicklung erfahren. Jenseits dieser persönlichen Möglichkeit, die eigene Tätigkeit in der Organisation als sinnvoll zu erfahren, adressiert Laloux aber auch die Notwendigkeit, dass eine Organisation als Ganze der Sinn-Frage nachgeht. Er spricht in diesem Zusammenhang vom „evolutionären Sinn" der Organisation. Damit ist eine Art Suche nach dem gesellschaftlichen Mehrwert und nach dem Weg in die Zukunft gemeint: Welchen Beitrag für das gesellschaftliche Ganze können wir leisten? Welchen Nutzen stiften wir? Wie sollte unsere künftige Ausrichtung aussehen?

Was genau den Sinn und die Bedeutung für eine Organisation ausmacht, kann also sehr stark variieren. Der Sinn kann durchaus darin bestehen, ein exzellentes Produkt herzustellen bzw. eine besondere Dienstleistung zu erbringen und diese erfolgreich zu vermarkten. Für viele Menschen entstehen Sinn, Bedeutung und Zugehörigkeit im Kontext der Organisation, der sie angehören, aber auch auf anderen Ebenen: Die Qualität der Zusammenarbeit oder der Nutzen für andere sind den einen wichtig. Die Möglichkeit zu persönlicher und ganzheitlicher Verwirklichung steht für andere im Vordergrund. Aber auch die Wirkung in die Gesellschaft (*Corporate Social Responsibility*) hinein kann dabei eine wichtige Rolle spielen.

4.5 Kultur

In unserem Bemühen, zentrale Handlungsfelder zu beschreiben, die jede Organisation adressieren und gestalten muss, haben wir bisher die vier Handlungsfelder Struktur und Prozesse, Sinn und Bedeutung, Macht und Führung sowie Kommunikation beschrieben. Das nächste Handlungsfeld, nämlich Kultur, steht in einem besonderen Verhältnis zu den vier anderen. Kultur ist nicht etwas, das man einfach gestalten kann in diesem Sinne ist es nicht ein

Handlungsfeld wie z. B. Struktur und Prozesse. Sie steht nicht einfach neben den anderen Handlungsfeldern, sondern liegt ihnen zugrunde und ist zugleich ihr Resultat. Dieser Gedanke wurde entwickelt mit Bezugnahme auf Überlegungen der Kulturanthropologie. Jede Organisation bildet demnach eine Kultur heraus, die das kollektive Verhalten und das Verhalten Einzelner in der Organisation bestimmt. Die Organisationskultur ist sozusagen das Konzentrat all der Überzeugungen, Regeln, Werte und Glaubenssätze, die in einer Organisation wirksam sind. Deswegen kann sie auch nicht direkt gestaltet und beeinflusst werden, sondern nur auf indirektem Weg, indem Werte und Leitbilder verändert oder ein anderer Führungs- und Kommunikationsstil eingeübt werden. Veränderte und gelebte Werte sowie ein konsistent praktizierter anderer Führungs- und Kommunikationsstil führen dann langsam zu einer anderen Organisationskultur.

Wie die vier zuvor beschriebenen Handlungsfelder gestaltet wurden und aktuell gestaltet werden, beeinflusst demzufolge die Kultur einer Organisation. Wie die gewählten und gelebten Strukturen und Prozesse, Sinnbeschreibungen, Führungsstile und Überzeugungen über Macht und Autorität sowie schließlich Kommunikationsmodi und Regelkommunikation gelebt werden – das prägt die Kultur einer Organisation und klingt an, wenn einem neuen Mitglied gesagt wird: „So machen wir das hier." Ed Schein, dem wir die wichtigsten Studien zur Organisationskultur verdanken, definiert sie folgendermaßen: „Die Kultur einer Gruppe kann als die Ansammlung gemeinsamen Lernens dieser Gruppe definiert werden, die Probleme der externen Anpassung und der internen Integration; das, was gut funktioniert hat, um gültig zu sein, wird neuen Gruppenmitgliedern gelehrt, was richtig ist, und was sie in Bezug auf solche Probleme wahrnehmen, denken und fühlen sollen. Diese Summe von Gelerntem stellt ein Muster oder System von Überzeugungen dar, von Werten und Verhaltensregeln, die als so grundlegend empfunden werden, dass sie schließlich aus der Bewusstheit verschwinden." (Schein 2018, 5)

In dieser Beschreibung lässt Schein eine Beobachtung anklingen, die für den Zusammenhang der Aufstellungsarbeit in Organisationen von zentraler Bedeutung ist: Erfahrungen und Überzeugungen können sehr kulturprägend, aber unter Umständen nicht mehr bewusst und somit auch nicht mehr unmittelbar zugänglich sein.

In Aufstellungen erleben wir Organisationen multiperspektivisch und vielschichtig. Offensichtliche und unmittelbar eindeutige Phänomene werden ebenso erkennbar wie verborgene und unbewusste Dynamiken.

Beobachtungen in Aufstellungen sind also häufig mehrdeutig und müssen angemessen eingeordnet werden. Schein hat ein Modell mit drei Ebenen entwickelt, mittels dessen Kulturphänomene in Organisationen verstanden und interpretiert werden können.

1. *Artefakte.* „Wir betrachten Artefakte als jene Phänomene, die man sehen, hören oder fühlen kann, wenn man eine neue Gruppe mit einer fremden Kultur kennenlernt" (ebd., 14). Zu diesen an der Oberfläche liegenden Phänomenen zählen Kleidung, Verhaltensweisen, Gestaltung der Räume, verwendete Technologien, aber auch Rituale oder Geschichten, die über die Organisation erzählt werden. Schein weist darauf hin, dass Artefakte leicht zu beobachten, aber oft schwer zu dechiffrieren sind (so hätten beispielsweise die sichtbaren Pyramiden bei Ägyptern und den Maya durchaus unterschiedliche Bedeutungen gehabt). „Es ist besonders gefährlich, tiefere Annahmen rein von Artefakten ableiten zu wollen, weil die eigenen Interpretationen auf unvermeidliche Weise Projektionen des eigenen kulturellen Hintergrunds sind." (ebd.,15)
2. *Gewählte Überzeugungen und Werte.* Auf dieser Ebene liegt das innere Empfinden, wie etwas sein sollte und was als richtig und angemessen betrachtet wird. Hierzu zählen die Ideale, Werte und Leitbilder, die in einer Organisation hochgehalten werden und die auf normativer oder moralischer Ebene anzeigen sol-

len, wie sich die Mitglieder in Organisationen in bestimmten Schlüsselmomenten verhalten sollen. Die gewählten Überzeugungen und Werte werden so oft zu nicht hinterfragbaren Annahmen, auch wenn sie mit dem aktuellen Verhalten nichts zu tun haben und dieses den Werten womöglich sogar eklatant widerspricht.

3. *Grundannahmen.* Auf dieser tiefsten Ebene liegen grundlegende und als selbstverständlich empfundene Annahmen. Sie bestimmen die Art der Wahrnehmung, des Denkens und des Fühlens und werden nicht hinterfragt und diskutiert. Sie sind so tief im Denken verwurzelt, dass sie in der Regel von den Mitgliedern der Organisation nicht mehr bewusst wahrgenommen werden. Was Schein als Grundannahmen beschreibt, umfasst unter anderem das, was Argyris und Schön (2006) als *„theories-in-use“* definieren, und was Senge (2008) „mentale Modelle“ nennt und worin er ein wesentliches Hindernis auf dem Weg zur „lernenden Organisation“ sieht.

Eine Organisationskultur ist keine losgelöste Entität, die unabhängig für sich existiert, und nach Belieben produziert oder irgendwie modifiziert werden könnte. Sie ist vielmehr das Resultat all der vielen Entscheidungen und Verhaltensweisen innerhalb einer Organisation, der etablierten Regeln, Haltungen und Überzeugungen, des alltäglichen Führungshandelns, der verkündeten Werte und ihrer gelebten Umsetzung. Die Organisationskultur resultiert aus den anderen Handlungsfeldern Sinn, Struktur und Prozesse, Führung und Kommunikation.

In der Zusammenschau lassen sich folglich fünf zentrale Handlungsfelder für eine Organisation erkennen: Sinn und Bedeutung, Struktur und Prozesse, Macht und Führung, Kommunikation, Kultur. Es könnten noch weitere genannt werden – beispielsweise Umgang mit Konflikten, Ressourcen, Kundenbeziehungen, Produktmanagement. Sie haben aber unserer Ansicht nach nicht das gleiche Gewicht und können sich je nach Art der Organisation sehr unterschiedlich darstellen. Dennoch kann es in der Beschäftigung mit spezifischen Organisationen wichtig sein, neben den hier benannten fünf grundlegenden Handlungsfeldern, die für jede Organisation relevant sind, ggf. weitere Handlungsfelder im Blick zu haben, um wesentliche Dynamiken, die sich auch in der Aufstellungsarbeit zeigen, angemessen einordnen und die wesentlichen Schlussfolgerungen für die bedeutsamen Handlungsfelder der Organisation ziehen zu können. Im Hinblick auf unsere hier beschriebenen fünf Handlungsfelder ist wichtig festzuhalten: Die konkrete Gestaltung der ersten vier Handlungsfelder einer Organisation wirkt sich aus auf das fünfte, die Organisationskultur.

Der Analyse von Ed Schein ist eine Einsicht zu verdanken, die wir für die Aufstellungsarbeit in Organisationen als äußerst relevant erachten. Im Zusammenhang unserer Überlegungen lässt sie sich so formulieren: Alle Handlungsfelder von Organisationen – die Organisationskultur selbst, aber auch die anderen vier, die sie konstituieren – haben eine sichtbare und eine verborgene Seite. Sichtbar sind die Artefakte, also die Struktur, die Art, wie Prozesse gesteuert werden und Verantwortung organisiert ist, wie Führung wahrgenommen wird, wie die alltägliche Kommunikation geregelt ist. Sichtbar sind auch die gewählten Überzeugungen und Werte, das innere Idealbild ihrer selbst, dem eine Organisation sich verpflichtet weiß. Verborgen ist hingegen die Ebene der Grundannahmen. Wenngleich die mentalen Modelle, Selbstverständlichkeiten und unausgesprochenen Regeln äußerst wirksam und für Externe in ihren Auswirkungen oftmals deutlich beobachtbar sind, so sind sie doch den Mitgliedern der Organisation in der Regel nicht direkt reflexiv zugänglich. Sie sind nicht zu verwechseln mit dem Unbewussten im Sinne Freuds, insofern es sich hier meist nicht um verdrängte und pathogene Inhalte handelt. Sie sind aber so selbstverständlich und unhinterfragt, dass sie aus der Bewusstheit entschwunden sind.

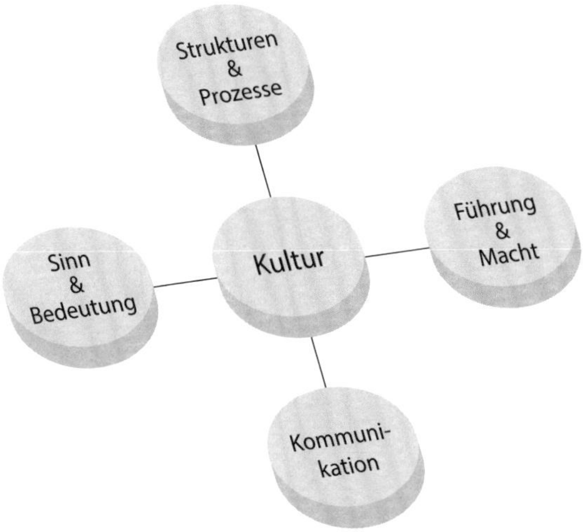

In Aufstellungen wird man mit Phänomenen aus allen drei Ebenen konfrontiert: Wie Menschen in einer Organisation oder eine ganze Organisation sein möchten; wie sie sich konkret darstellt, wie sie agiert, denkt und sich zeigt; und was im Verborgenen die Wahrnehmungen, das Fühlen und das Denken prägt.

5 Zwischenbilanz

In diesem kurzen Kapitel werden wir die Basis und den Rahmen für die Einsatz- und Gestaltungsmöglichkeiten von Aufstellungen in Organisationen definieren. Dazu ziehen wir zunächst das Fazit aus unseren bisherigen Überlegungen und leiten dann einige zentrale Schlussfolgerungen für konkrete Gestaltungsfragen der Aufstellungsarbeit in Organisationen ab.

5.1 Erkenntnisse bis hierher

Es ergeben sich aus unserer Sicht vier zentrale und sehr grundlegende Aspekte, die den Gestaltungsrahmen für die Aufstellungsarbeit in Organisationen definieren.

Egal, wer zu welcher Fragestellung in einer Organisation eine Aufstellungsarbeit durchführt, sollte sich mit diesen Themen auseinandergesetzt haben:

Orientierung an den grundlegenden Normen und Regeln einer Organisation

Wir haben dargelegt, dass im Familienkonzept Bert Hellingers definierte Ordnungen eine große Rolle spielen. Sie gelten für ihn grundsätzlich in allen Familien, beispielsweise das Recht auf Zugehörigkeit oder der Vorrang des Früheren vor dem Späteren. Diese Ordnungen können auf Organisationen nicht übertragen werden, da sie Systeme anderer Art sind. Allerdings ist für die Aufstellungsarbeit in Organisationen der Bezug auf die in der jeweiligen Organisation implementierten und gültigen Werte und Normen als deren Ordnungsrahmen wichtig und hilfreich. In diesem Sinn ist Hellingers Hinweis auf die Bedeutung der grundlegenden Ordnungen, die ein System bestimmen, sehr relevant.

Der Blick auf den Ordnungsrahmen der Organisation hilft einem Aufstellungsprozess auf zweierlei Weise: Er hilft zu strukturieren, worauf in einer Aufstellung geschaut und geachtet werden muss und weist auf die Aspekte hin, die nicht übersehen werden dürfen. Zweitens ermöglicht er, Ideen zu entwickeln, durch die erlebte Störungen und Konflikte beruhigt und bereinigt werden können.

Es geht dabei entweder um die Wiederherstellung des Systems im Sinne der gültigen Werte und Normen oder darum, genau deren Gültigkeit in Frage zu stellen und ggf. auch einen Prozess in Gang zu setzen oder zu ihm beizutragen, an dessen Ende ein verändertes Set von Normen und Werten steht.

Möglichkeiten und Grenzen der Erkenntnis: Wahrnehmung und Deutung in Aufstellungen

Aus unserer Diskussion der erkenntnistheoretischen Grundlagen des Wahrnehmungs- und Erkenntnisprozesses in Aufstellungen ergibt sich folgendes Fazit: Zum einen ist es wichtig, das Wesen einer Organisation, einer konkreten systemischen Konstellation innerhalb einer Organisation oder der Position, Rolle und Verantwortung eines Einzelnen in einer Organisation zu verstehen. Andererseits geht es in Aufstellungen auch um die Entwicklung, Prüfung und Veränderung von Deutungen der organisationalen Realität. Die aus unserer Sicht entscheidende Frage ist die nach der Hermeneutik: Welche Voraussetzungen ermöglichen überhaupt erst die Einsicht in eine Organisation und wie kommen wir über das bestehende Wissen und Vorverständnis hinaus, wie erweitern wir unsere Erkenntnis und überprüfen unsere bisherigen Vorstellungen?

Es muss reflektiert werden, dass das bestehende Wissen über eine Organisation die Basis ist, auf der neue Einsichten und Erkenntnisse überhaupt erst möglich sind, sie selbst aber gleichzeitig auch vom bestehenden Wissen geprägt werden. Daher ist ein gewisses allgemeines und auch im Hinblick auf die jeweils konkret betrachtete Organisation spezifisches Wissen erforderlich, um überhaupt zu weiterführenden Einsichten kommen zu können. Das gilt auch, wenn Wahrnehmung und Verstehen durch die Methode der Aufstellungsarbeit ermöglicht werden. Andererseits dürfen die Begrenzungen des eigenen allgemeinen wie spezifischen Organisationsverständnisses nicht dazu führen, dass erweiternde Einsichten und Erfahrungen nicht gewürdigt und anerkannt werden. Kreativität und (selbst)kritische Reflexion müssen vor dem jeweils bestehenden Erfahrungshorizont möglich bleiben.

Nicht zuletzt deswegen bedarf es eines systematischen und strukturierten Erkenntnisprozesses in der Aufstellungsarbeit, der sich in vier Phasen vollzieht:

- Phänomenologische Betrachtung des aufgestellten Systems
- Dekonstruktion von engen oder dysfunktionalen Annahmen und Deutungen
- Konstruktion alternativer Betrachtungs- und Deutungsmuster
- Entwicklung und Aneignung eines neuen Bildes des Systems

Organisationsverständnis als Bezugsrahmen für die Aufstellungsarbeit in Organisationen

Aus den beiden ersten hier dargestellten Ergebnissen ergibt sich, dass diejenigen, die Aufstellungen in Organisationen durchführen, ein ausreichend differenziertes und spezifisches Verständnis der jeweils konkret gegebenen Organisation haben sollten. Dabei ist es nicht beliebig, worauf sich dieses Verständnis bezieht. Es sollte diejenigen Aspekte umfassen, die den Deutungs- und Handlungsrahmen in dieser Organisation im Wesentlichen bestimmen. Aus unserer Sicht bieten sich zur Strukturierung dieses Wissens die zentralen Handlungsfelder an, deren Gestaltung für jede Organisation wichtig sind. Aus der Analyse gängiger Theorien und Modelle ergeben sich die folgenden Handlungsfelder für jede Organisation:

- Führung und Macht
- Kommunikation
- Strukturen und Prozesse
- Sinn und Bedeutung
- Kultur

Wer Aufstellungen in Organisationen durchführt, sollte ein Bild davon haben, wie die Organisation diese Felder gestaltet und lebt. Die Strukturierung von Organisationsaufstellungen kann auch direkt auf diese Themen zurückgreifen.

Beachtung einer stringenten methodischen Logik

Die Aufstellungsmethode ermöglicht Systemerkenntnis, Selbsterkenntnis, Erkenntnis der eigenen Eingebundenheit in das betrachtete System ebenso wie die Entwicklung von inneren Haltungen und äußerem Verhalten diesem System gegenüber und in diesem System. Allerdings bedarf es dazu einiger wichtiger methodischer Funktionsprinzipien, die nicht unbedingt in einer starren Reihenfolge, aber in einer sinnvollen Logik verbunden sein müssen.

Die sechs entscheidenden methodischen Funktionsprinzipien in der Aufstellungsarbeit sind:

- die aktualisierende Repräsentation
- die öffnende Wahrnehmung
- die objektivierende Stellvertretung
- die konfrontierende Einbindung
- die abstrahierende Reflexion
- die fokussierende Verbalisierung

5.2 Schlussfolgerungen für Aufstellungen in Organisationen

In den folgenden Abschnitten stellen wir Schlussfolgerungen für die Aufstellungsarbeit in Organisationen vor, die sich unseres Erachtens aus den bisherigen Überlegungen ergeben. Diese Schlussfolgerungen beziehen sich hier zunächst auf Zielsetzungen von Aufstellungsarbeit in Organisationen und auf wichtige Rahmenbedingungen für deren Gestaltung. In den weiteren Kapiteln sechs bis acht werden wir auf die Aufstellungsbegleitung, auf mögliche Formate der Aufstellungsarbeit in Organisationen sowie auf die wichtigsten Themen, die sich für Aufstellungsarbeit in diesem Kontext eingehen.

5.2.1 Angemessene Zielsetzungen

Zur Einordnung, welche Zielsetzungen für Aufstellungen in Organisationen angemessen sind, ist es wichtig und hilfreich, die Zielhierarchie anzusprechen, die in Organisationen immer gilt, insbesondere, wenn sie ihre Ausrichtung auf den Organisationszweck ernst nehmen und konsequent verfolgen: Alle Ressourcen sowie alle Strukturen und Prozesse dienen der Organisation und deren Zweck. Die Aufstellungsarbeit, wenn sie hier eingesetzt wird, soll dazu beitragen, die Zielerreichung der Organisation zu optimieren. Indem Aufstellungsarbeit den beteiligten Personen und Organisationseinheiten hilft, sich auf ihre Aufgaben zu konzentrieren, sich optimal abzustimmen, Konflikte zu lösen, Herausforderungen zu identifizieren und bestmögliche Bewältigungsstrategien für sie zu entwickeln, dient sie letztlich auch der Organisation und deren Zweck. Die Verbindung der Aufstellungsarbeit im Kontext von Organisationen mit deren Zweck und Zielen ist für sie konstitutiv.

Gleichzeitig unterstützt sie als Beratung von Menschen, die an einer Aufstellung beteiligt sind, in der Regel auch deren persönliche Entwicklung. Auch wenn es letztlich immer darum geht, die Menschen in Organisationen in der Wahrnehmung ihrer Aufgaben und für die Erreichung der vorgegebenen Ziele und Ergebnisse zu stärken, werden sie auch persönlich und für andere Kontexte als den organisationalen von der Entwicklung, die sie machen, profitieren.

Damit ist die Aufstellungsarbeit in Organisationen immer zwei miteinander verbundenen und dennoch voneinander zu unterscheidenden Zielsetzungen verpflichtet: Wachstum der Person und Optimierung ihrer Leistung.

Dabei ist die Hierarchie der Ziele aus Sicht der Vertreter einer Organisation häufig klar: Das ultimative Ziel ist die Optimierung der Leistung bzw. der Erhalt der Leistungsfähigkeit. Das Wachstum der Person ist ein Ziel, das diesem ersten und ultimativen Ziel dient.

Wir werden später bei der Einordnung der Verwendung von Aufstellungsarbeit zur Personalentwicklung (s. Kap. 8.2.6) noch einmal auf die Frage zurückkommen, wie instrumentell die Entwicklung, die Menschen nehmen, sein kann und soll. Zunehmend setzt sich die Auffassung durch, dass diese Entwicklung die ureigene Verantwortung des Einzelnen ist und auch dessen Bestimmungsfreiheit unterliegt. Menschen entwickeln sich, Menschen werden nicht entwickelt – so könnte man diese Sicht zusammenfassen. Dennoch bleibt zweifellos im Kontext von Organisationen angesichts vertraglicher Verpflichtungen zur Aufgabenerfüllung und auch zur Weiterbildung, klar, dass Mitarbeitende nicht ohne Konsequenzen darauf verzichten können, diese Verantwortung auch wahrzunehmen und tatsächlich an der eigenen Entwicklung zu arbeiten.

Innerhalb dieses grundlegend gesetzten Rahmens können die operativeren Ziele der Aufstellungsarbeit in Organisationen entwickelt werden.

Gunthart Weber beschreibt als zentrales Ziel von Organisationsaufstellungen, „Organisationsdynamiken in ihrem jeweiligen Kontext sichtbar werden zu lassen und in Organisationen und Arbeitsbeziehungen nützliche und sinnvolle Veränderungen anzustoßen“ (Weber 2016, 24). Hinter dieser Zielbestimmung werden drei Kategorien von Zielen deutlich, die wir insgesamt für die Aufstellungsarbeit sehen und die auch im Organisationskontext gelten: Erkenntnis, Integration und Veränderung.

Erkenntnis

Wer ein System, zu dem sie gehört, aufstellt, erhält die Möglichkeit, es sich anzuschauen. Diese Möglichkeit zu schaffen und nutzen zu können, stellt die erste wichtige Zielsetzung der Aufstellungsarbeit dar. Dabei kann innerhalb von Organisationen die Betrachtungsebene und der Fokus einer Aufstellungsarbeit sehr variieren. Grundsätzlich sollte man Aufstellungen, deren Erkenntnisziel sich auf die Organisation als Ganzes oder auf Organisationseinheiten als Teile einer Gesamtorganisation beziehen, von solchen Aufstellungen unterscheiden, die primär daran interessiert sind, einzelne Personen in ihrer Rolle und Funktion innerhalb der Organisation und im Verhältnis zu anderen Personen innerhalb oder außerhalb der Organisation zu verstehen.

Organisationsaufstellungen, in denen es darum geht, das System an sich besser zu verstehen, bestimmte Entwicklungen der Organisation zu antizipieren, in ihren Auswirkungen zu verstehen und zu deuten, haben in der Regel zwar einen oder auch mehrere Auftraggeber, die an dieser Erkenntnis interessiert ist bzw. sind, aber diesen Auftraggebern geht es nicht um sie selbst im Kontext der Organisation. Sie möchten Erkenntnis über das System als solches. Manchmal dient die Aufstellung darüber hinaus dazu, dem System insgesamt und mehreren seiner Elemente Erkenntnis zu wichtigen Entwicklungen, Fragestellungen und Herausforderungen zu ermöglichen.

Anders ist es bei Aufstellungen in Organisationen, bei denen eine Person oder mehrere Personen Erkenntnisse über sich selbst und ihre Situation, Position, Einbindung etc. in diese Organisation suchen. Hier sind diese Personen deutlich stärker persönlich in die Aufstellung involviert.

Sehr häufig steht die Erkenntnis der Beziehungsstrukturen und der ihnen innewohnenden Dynamik im Zentrum des Interesses. Gerade bei Fragen zur Findung bzw. Identifikation der eigenen Rolle in einer Organisation, bei Konflikten über Ziele, Interessen oder Ressourcen ist die Erkenntnis von rollenbedingten Interaktionsstrukturen und Beziehungsmustern sowie Verantwortungsgrenzen und Schnittstellen extrem wichtig. Die Bewusstwerdung über die Wirkung von Beziehungsstrukturen sowie über eigene Reaktionsmuster in diesen Beziehungsstrukturen ist eine notwendige Bedingung für deren Veränderung.

Integration

In der Familienaufstellung, wie sie Bert Hellinger entwickelt hat, spielt die Anerkennung von Elementen, meist Personen, die aus einem Familiensystem ausgeschlossen wurden, eine fundamentale Rolle. Ausgrenzungen führen nach Hellingers Theorie dazu, dass andere Familienmitglieder unbewusst in eine partielle oder umfassende Identifikation mit den Ausgeschlossenen gehen, um sie wieder ins System zu integrieren. Dadurch wird ihre eigene Reifung und Selbstwerdung gestört. Darin besteht die Verstrickung.

Die Zielsetzung der Integration lässt sich für die Aufstellungsarbeit auch über die Familienaufstellung hinaus allgemeiner fassen und erscheint uns wichtig und grundlegend: Die Aufstellungsarbeit hat das Ziel, aufzuzeigen, welche Elemente eines Systems nicht oder nicht angemessen gesehen und gewürdigt werden und welche Konsequenzen solche Ausblendungen für die übrigen Mitglieder des Systems und ihre Identifikations- und Entfaltungsmöglichkeiten hat. „In Aufstellungen geschieht es immer wieder, dass sich Aspekte eines Beziehungssystems zeigen, die bis dahin unbekannt oder verdeckt waren. [...] in Organisationssystemen spannt sich der Bogen von bis dahin unerkannten Zielgruppen und Produktaspekten, über Inkompetenz und Mobbing bis zu Veruntreuung oder Wirtschaftskriminalität“ (Hartung 2014, 45). Diese Definition greift weit aus und bezieht deutlich mehr und andere Systemelemente ein als es die Familienaufstellung tut, in der es im Hinblick auf die Integration fast immer um das Sehen und Anerkennen ausgeschlossener oder verdrängter Personen aus dem Familienkreis geht.

Veränderung

Die dritte, auf die beiden vorher Genannten aufbauende Zielsetzung der Aufstellungsarbeit ist die Veränderung. Wenn, wie beschrieben, die Zielsetzungen der Organisation insgesamt bzw. einzelner Organisationseinheiten maßgeblich für die erwarteten Wirkungen der Aufstellungsarbeit in Organisationen sind, dann bedeutet dies, dass nicht zielführende Strukturen, Prozesse, Einstellungen und Verhaltensweisen durch die Aufstellungsarbeit beeinflusst und verändert werden sollten. Meist ist Veränderung nur möglich, wenn sich vorher schon Erkenntnis und Integration eingestellt haben. Dysfunktionale Strukturen und Prozesse sowie auch Einstellungen und Verhaltensweisen können dadurch verändert werden, dass sie erkannt, also ins Bewusstsein gehoben werden. Und Wirkungen von Ausblendungen können dadurch verändert werden, dass Ausblendungen wieder eingeblendet und die Systemelemente an einen ihnen angemessenen Platz gerückt werden. Das geschieht zunächst im unmittelbaren Kontext einer Aufstellung im Bewusstsein der beteiligten Personen. Diese erhalten dadurch allerdings die Möglichkeit, sich in der Folge neu zu positionieren, sich anders zu verhalten und eigene Gestaltungs- und Entfaltungsmöglichkeiten neu zu entdecken und zu nutzen. Die Aufstellungsarbeit ermöglicht diese Veränderung. Ihr Vollzug ist eine Aufgabe der Beteiligten im realen Systemkontext.

Auch die Zielsetzung, Veränderungen zu antizipieren und Energie für entscheidende Bewegungen zu mobilisieren, erscheint für Organisationsaufstellungen absolut passend: „Die systemische Relativität bedingt [...], dass wir im Aufstellungsfeld problemlos Beziehungen der Vergangenheit betrachten können, die sich in der Aufstellung wie im Jetzt bewegen. Ebenso leicht können wir auch die Zukunft von Systemen in Aufstellungen vorwegnehmen – es ist möglich, Bewegungen im aufgestellten System stattfinden zu lassen, die im Alltag noch gar nicht stattgefunden haben“ (Hartung 2014, 46). Diese Möglichkeit zu nutzen, kann sehr wichtige Veränderungsenergie in Organisationen freisetzen bzw. unterstützen.

5.2.2 Gestaltungsrahmen

Auch wenn für manche Menschen die Organisation, in der sie tätig sind, wie ein zweites Zuhause und ihr Team wie eine Familie ist, sind Organisationen keine Familien und Organisationsaufstellungen keine Familienaufstellungen.

In Organisationen gelten Rahmenbedingungen, die Besonderheiten für die Aufstellungsarbeit mit sich bringen. Die wichtigsten dieser Rahmenbedingungen sind:

- Organisationen dienen einem Zweck, sie haben instrumentellen Charakter. Das gilt sowohl für Wirtschaftsunternehmen als auch für alle anderen Arten von Organisationen. Unternehmen werden für einen Unternehmenszweck gegründet und dienen letztlich den wirtschaftlichen, sozialen und/oder persönlichen Zielen der Inhaber bzw. Anteilseigner, Wohltätigkeitsorganisationen dienen humanitären Zwecken und Zwecken der sozialen Wohlfahrt, Behörden dienen Zwecken der öffentlichen Verwaltung, Vereine definieren einen Vereinszweck und ähnliches mehr. Familien hingegen sind Schicksalsgemeinschaften.
- Die Basis der Beziehungen von Menschen in einer Organisation ist der jeweilige individuelle Vertrag mit der Organisation und die darin festgelegten Rollen und Verantwortungen. Die Basis der Beziehungen in der Familie hingegen sind die Bindungen, die man sich nicht aussuchen kann.
- Die Zugehörigkeit zu einer Organisation kann beendet werden, die Einbindung in eine Familie ist nicht auflösbar. Eine Bindung dieser Art besteht zwischen Menschen und Organisationen nicht.

- Organisationen haben ein Management und eine institutionell in Kraft gesetzte Verfasstheit, die nach wie vor häufig hierarchischer Natur ist. Die Position des Einzelnen in der Hierarchie determiniert in Verbindung mit seiner Funktion und deren Definition seine Weisungsgebundenheit bzw. seine Einfluss- und Gestaltungsfreiheit. Alle Festlegungen in diesem Kontext sind frei gestaltbar und werden zur Erfüllung des Zwecks der Organisation optimiert. Das gilt auch in nicht-hierarchischen, partnerschaftlichen oder netzwerkartigen Organisationsstrukturen. Die Familienverfassung ist vorgegeben, wenngleich neue Partnerschafts- und Familienstrukturen die Klarheit dieser Vorgaben verändern. Dennoch werden hier Beziehungsmodelle der klassischen Familie herangezogen und es bleibt ein deutlicher Unterschied zur Gestaltungsfreiheit von Strukturen und Rollen in Organisationen.
- Organisationen entwickeln Normen und Regeln, an die sich die Mitglieder zu halten haben sowie einen mehr oder weniger differenzierten administrativen Apparat, der das Verhalten der Einzelnen diesen Regeln entsprechend steuert. Dieser Apparat nimmt sowohl unterstützende als auch normierende, kontrollierende und sanktionierende Funktionen wahr. Auch Familien haben Regeln und Normen, aber keinen administrativen Apparat, der sie optimiert und über sie wacht.
- Vorrangig in größeren Organisationen entwickeln sich mikropolitische Strukturen, ein Netz formaler und informeller Beziehungen, in denen Macht, Einfluss, interner Wettbewerb um Ressourcen und Interessensausgleich verhandelt werden. Diese Strukturen steuern das Verhalten von Menschen in Organisationen sehr maßgeblich. Dieselben Phänomene, also das Streben nach Macht und Einfluss, Wettbewerb und Interessensausgleich, gibt es auch in Familien. In der Regel sind aber die Felder des mikropolitischen Handelns in Organisationen komplexer und verändern sich schneller.
- Organisationen entwickeln eine Kultur, die den besonderen Charakter, die gelebte Einmaligkeit der jeweiligen Organisation festlegt, ihn nach außen wie nach innen zeigt und Menschen sowohl integrieren als auch ausgrenzen kann. Einerseits vermitteln Organisationskulturen den Mitgliedern der Organisation Identifikationsmöglichkeiten, andererseits zeigen sie ih-

nen Grenzen und Tabuzonen auf. Wer nicht zur Kultur einer Organisation passt, wird früher oder später von ihr abgesondert werden. Die Kultur einer Organisation hat am ehesten etwas gemeinsam mit dem, was Hellinger das Familiengewissen oder die Familienseele nennt. In beiden Fällen geht es um die Frage der Zugehörigkeit. Das Individuum spürt und weiß, was die Kultur bzw. das Gewissen von ihm verlangt. Dennoch scheint uns die Kultur einer Organisation für den einzelnen Menschen keine so existenzielle Bedeutung zu haben wie das persönliche Gewissen im Sinne Hellingers, das über den Erhalt der Anbindung an den Lebensursprung wacht.

Durch diese Darstellung wird deutlich, dass Familien und Organisationen sehr unterschiedliche Systeme sind und es ergibt sich daraus, dass die Aufstellungsarbeit zwar in beiden funktionieren kann, weil sie beide Systeme sind und weil jeweils die Beziehungsstrukturen Dynamiken erzeugen, in denen Individuen verstrickt sein können. Die konkrete Gestaltung der Aufstellungsarbeit in Organisationen ist jedoch immer eingebunden in die Zweckorientierung der Organisation und sie ist Begrenzungen unterworfen, die aus der Verfasstheit der Organisation, aus ihrer Hierarchie, aus den Rollen und Verantwortungen der Einzelnen, aus Belohnungs- und Sanktionierungsmechanismen und aus mikropolitischen sowie kulturellen Vorgaben resultieren.

6 Organisationsaufstellungen leiten

Eine Aufstellung gekonnt zu leiten ist gleichermaßen Handwerk und Kunstwerk. Handwerk deswegen, weil das Meiste daran erlernbar ist und eingeübt werden kann. Es braucht Hintergrundwissen, gute Lehrmeister und einiges an Übung und Erfahrung. Kunstwerk hingegen ist es, weil manche gut geleitete Aufstellung eine ganz eigene Eleganz und evidente Ästhetik entfaltet. Auch wer ein Kunstwerk schaffen will, muss das Handwerk beherrschen und einüben. Aber immer wieder einmal gibt es Leiter von Aufstellungen, die sensibler wahrnehmen als andere, die mutiger herausfordern oder treffender das Gesehene ins Wort bringen. Manche entwickeln so einen ganz eigenen Stil von Aufstellungsarbeit. Wichtig ist zunächst die Beherrschung des Handwerks. Wird dies beherrscht, kommt vielleicht auch der Künstler zum Vorschein.

Dieses Kapitel widmet sich der Frage, welche handwerklichen Voraussetzungen und Kenntnisse ein Begleiter bzw. Leiter von Aufstellungen mitbringen sollte. Wie geht er an seine Arbeit heran? Welche inneren Grundhaltungen leiten ihn dabei? Worauf achtet er, wohin richtet er seine Aufmerksamkeit? Wie geht er konkret vor? Wie ordnet und strukturiert er die Aufstellungsarbeit?

6.1 Grundhaltungen in der Aufstellungsarbeit

Unter Grundhaltungen verstehen wir grundsätzliche innere Dispositionen, Überzeugungen und Werte, mit denen jemand an seine Arbeit herangeht. Sie fließen ein in die Art und Weise, wie ich meine Klienten betrachte, wie ich mich selbst und meine Aufgabe sehe, wie ich meine Arbeit verstehe und wie ich die Arbeitsbeziehungen und die sich darin ereignende Kommunikation gestalte (Permantier 2019). Haltungen sind deswegen so wichtig, weil sie nicht nur das konkrete Verhalten prägen, sondern – um im Wortspiel zu bleiben – letztlich auch die Verhältnisse.

Haltung ➔ Verhalten ➔ Verhältnisse

Ein Aufstellungsleiter sollte eine klare Vorstellung seiner eigenen Grundhaltungen haben, diese formulieren und somit transparent machen können.

Wir unterscheiden im Folgenden zwischen allgemeinen Grundhaltungen in der Aufstellungsarbeit und spezifischen Grundhaltungen in der Aufstellungsarbeit in Organisationen. Erstere haben in jeglicher Form von Aufstellungsarbeit ihre Gültigkeit und decken sich im Wesentlichen mit den Haltungen und ethischen Anforderungen, die auch sonst für Beratung und Coaching gelten und die in den ethischen Richtlinien und Kodizes der jeweiligen Berufsgruppen beschrieben sind. Letztere hingegen sind darüberhinausgehende Grundhaltungen, die unseres Erachtens notwendig sind, um den spezifischen Anforderungen der Aufstellungsarbeit im Kontext von Organisationen gerecht zu werden.

6.1.1 Wertschätzung und Empathie

Dieses Wortpaar umschreibt die Aufforderung an den Begleiter, seinem Klienten eine uneingeschränkte, vorurteilsfreie Aufmerksamkeit entgegenzubringen. Wir haben schon im Zusammenhang des Themas Phänomenologie (vgl. Kap. 3.2) von dem offenen und aufmerksamen Blick gesprochen, der ein echtes Erkennen und Verstehen erst möglich macht. In den verschiedenen psychotherapeutischen Schulen gab es immer wieder Versuche, diese Haltung zu beschreiben. Sigmund Freud etwa sprach von der „gleichschwebenden Aufmerksamkeit". Besonders prägend wurde in diesem Zusammenhang allerdings die Definition von Carl Rogers, dem Begründer der Personenzentrierten Gesprächstherapie. Wertschätzung bedeutet für ihn ein bedingungsfreies Akzeptieren der Gefühle und Äußerungen seines Klienten. Eine solche positive, nicht verurteilende, wertschätzende Haltung ermöglicht es dem Klienten, Vertrauen zu fassen und seine echten Gefühle – Verwirrung, Wut, Liebe, Furcht, Stolz – zu erkunden und zu zeigen. Das bedeutet nicht, dass der Therapeut bzw. Begleiter diesen Gefühlen zustimmen muss. Es bedeutet aber, dass er seinen Gesprächspartner ohne Urteil und Bewertung so annimmt, wie er sich im jeweiligen Augenblick zeigt.

Empathie ist zunächst einmal das stimmige Wahrnehmen der Gedanken und Gefühle des Gesprächspartners. Was sich relativ einfach anhört, ist in der Praxis ein äußerst anspruchsvoller Prozess, der ein hohes Maß an kommunikativer Sensibilität und Bereitschaft zum Verzicht auf eigene Bewertungen verlangt. Rogers beschreibt das einfühlsame Verstehen als einen Vorgang im Gespräch, durch den der Therapeut „genau die Gefühle und persönlichen Bedeutungen spürt, die der Klient erlebt, und dass er dieses Verstehen dem Klienten mitteilt. Unter optimalen Umständen ist der Therapeut so sehr in der privaten Welt des anderen drinnen, dass er oder sie nicht nur die Bedeutung klären kann, deren sich der Patient bewusst ist, sondern auch jene knapp unterhalb der Bewusstseinsschwelle" (Rogers 1982, 68). Eine in diesem Sinne einfühlende Interaktion erwächst also aus dem Bemühen, so zutreffend wie das einem anderen Menschen nur irgendwie möglich ist, die Innenwelt und das Empfinden des Gegenübers nachzuvollziehen.

Wertschätzung und Empathie sind weit mehr als therapeutische Techniken, die man mit einige Kniffen erlernen könnte. Sie werden nur dann als authentisch und wahrhaftig erlebt, wenn in ihnen ein tiefer Respekt vor dem Gegenüber zum Ausdruck kommt.

Dieses Sich-Einlassen auf einen anderen Menschen im Bemühen, ihn zu verstehen, setzt eine Art von Selbstvergessenheit und momentane Loslösung von eigenen Fragen und Befindlichkeiten voraus. Nach Simone Weil ist eine derartige reine Aufmerksamkeit das höchste Geschenk, das man einem anderen Menschen machen kann (Weil 1998, 58 ff.).

6.1.2 Authentizität

Es gibt kaum einen ethischen Imperativ, dem die meisten so unmittelbar zustimmen würden, wie dem, man müsse authentisch sein. Authentizität ist zu einem Modebegriff geworden, der kaum mehr hinterfragt wird. Authentizität erscheint gut, weil sie mit Echtheit assoziiert wird. In einem oftmals eher oberflächlichen Verständnis bedeutet Authentizität dann so etwas wie das spontane und ungefilterte Ausdrücken und Ausleben seiner selbst. Authentisch ist, wer von sich selbst sagt: „So bin ich nun einmal." Echtheit würde demnach unkontrolliertes Zeigen der eigenen Befindlichkeit und Äußern der eigenen Gedanken ohne Rücksicht auf andere bedeuten. Ein solches Verständnis von Authentizität läuft natürlich Gefahr, das eigentlich Gemeinte zu banalisieren und eher zu verdecken als offenzulegen. Demnach wäre ja Authentizität nicht viel anderes als ein jugendlich-rebellisches Ausagieren. Auch das narzisstische Auftreten mancher Autokraten müsste dann als besonders authentisch gelten.

Authentizität als eine Grundhaltung in der Aufstellungsarbeit meint etwas anderes, das sich am besten durch zwei konkrete Aspekte charakterisieren lässt: Sie bedeutet zum einen *Selbst-Reflexivität,* also die Fähigkeit, das eigene Handeln, Denken, Fühlen, Sprechen und Entscheiden zu erforschen sowie die Motive, die ihnen zugrunde liegen, zu erkennen und selbstkritisch zu überprüfen. Also nicht ein vorschnelles „So bin ich nun einmal". Sondern ein „Das bin ich und dafür stehe ich", das die eigene Biografie, Prägungen, Stärken und Schwächen erkundet hat, neugierig persönliche Grenzen ausgelotet und Wachstumsmöglichkeiten erforscht hat und zu einer einigermaßen friedlichen Akzeptanz der eigenen Person gefunden hat. Authentizität meint zum anderen eine *Stimmigkeit von Denken, Sprechen und Handeln.* Ein Aufstellungsleiter sollte auf keinen Fall ungefiltert alles sagen, was er oder sie gerade denkt oder fühlt. Das wäre unprofessionell und selten hilfreich. Was er aber sagt, sollte echt und nicht irgendwie inszeniert sein. Er muss im Kontakt sein mit seinen Gefühlen und diese auf eine für die Aufstellungsteilnehmer hilfreiche Weise zur Sprache bringen. Und Gedanken und persönliche Überzeugungen, die er zum Ausdruck bringt, sollten sich im konkreten Verhalten widerspiegeln.

6.1.3 Neutralität und Allparteilichkeit

Akzeptanz und Autorität eines Therapeuten bzw. in unserem Kontext eines Aufstellungsleiters hängen von dessen Neutralität und Allparteilichkeit ab. Sie stellen sicher, dass er in der Sache unabhängig ist und keinem der möglichen Beteiligten zuneigt, sondern von allen gleichermaßen anerkannt werden kann. Sie werden immer dort verletzt, wo ein Leiter von Aufstellungen, Partei für Personen, Gruppen oder ein bestimmtes Anliegen ergreift. Dem vorzubeugen setzt seitens des Aufstellungsleiters vor allem ein klares Wissen um die eigene Rolle voraus sowie die Fähigkeit, über diese neutrale bzw. allparteiliche Rolle in einer Gruppe Transparenz herzustellen. Oftmals wird die Neutralität allerdings auch durch praktische Kleinigkeiten auf verbaler oder körpersprachlicher Ebene in Frage gestellt. Wem bringe ich mehr Interesse entgegen? Mit wem befasse ich mich länger? Wo bringe ich mich persönlicher und weniger distanziert ein? Wem wende ich mich in der Körperhaltung intensiver zu?

Dabei ist zu bedenken, dass es gerade in Organisationsaufstellungen oftmals besonders anspruchsvoll ist, eine neutrale und allparteiliche Grundhaltung konsequent aufrecht zu erhalten und anzuwenden. Das hat mit einigen der spezifischen Charakteristika von Aufstellungen und insbesondere Aufstellungen in Organisationen zu tun.

- Zunächst unterscheiden sich Aufstellungen von anderen therapeutischen oder beratenden Settings durch die dezidiert anleitende und steuernde Funktion des Aufstellungsleiters. In einem klassischen individualtherapeutischen Setting ist die Neutralität des Therapeuten oftmals schon durch die therapeutische Methode vorgegeben, die ihm eine abstinente, nicht-direktive Haltung auferlegt. Demgegenüber hat der Leiter von Aufstellungen eine deutlich direktivere Rolle, insofern er den gesamten Aufstellungsprozess anleitet und lenkt. Neutralität kann deswegen hier nicht Zurückhaltung und Nicht-Intervention bedeuten. Stattdessen sind Absichtslosigkeit und kontinuierliche Überprüfung der eigenen Motive die angemessenen Weisen, Neutralität und Allparteilichkeit in Aufstellungen zu realisieren.
- Organisationsaufstellungen unterscheiden sich sodann von Familienaufstellungen. Zwar werden auch in letzteren oftmals

eine Vielzahl von Personen aufgestellt. Es gibt aber in der Regel immer eine einzige Person, um deren inhaltliches Anliegen es geht und der der Aufstellungsleiter durchaus zu Recht seine besondere Aufmerksamkeit schenkt. Hingegen dienen Organisationsaufstellungen zuweilen genau dazu, sich die vielfältigen Anspruchsgruppen, Stakeholder oder Komponenten einer Fragestellung vor Augen zu führen, und ihre Beziehungen zueinander und die daraus resultierenden Kräfte zu verstehen. Hier ist also wirklich Allparteilichkeit gefordert.

- Schließlich kommt noch ein Aspekt zum Tragen, auf den wir in Kapitel 5 schon ausführlich eingegangen sind: Organisationen verfolgen Ziele und auch die Aufstellungsarbeit in Organisationen steht im Dienst der Erreichung dieser Ziele. Das kann konkret bedeuten, dass der Aufstellungsleiter seitens der Unternehmensleitung den Auftrag erhalten hat, mit einer Gruppe von Führungskräften Organisationsaufstellungen zu machen, um deren Führungsqualität zu verbessern. Was bedeutet nun Neutralität, da doch der Aufstellungsleiter im Namen der Unternehmensleitung tätig ist und deren Ziele verfolgen soll? Die Lösung kann nur heißen: Transparenz über vorgegebene Ziele herstellen, die Anliegen der Aufstellungsteilnehmer zur Sprache bringen, die eigene Rolle als Leiter und den Anspruch der Allparteilichkeit deutlich machen.

6.1.4 Furchtlosigkeit und Realismus

Leiter von Organisationsaufstellungen müssen viele Themen und Gesichtspunkte gleichzeitig im Blick behalten: die Gesamtorganisation, das konkrete Anliegen, die einzelnen Teilnehmer und ihre je eigenen Prozesse sowie die Dynamik in der Gesamtgruppe. Das erfordert Aufmerksamkeit und Präsenz. Manche Themen können Ratlosigkeit, Unsicherheit, Angst oder Verurteilung auslösen (König 2004, 272f.). Damit muss ein Aufstellungsleiter umgehen können. Oftmals bringen es Aufstellungen aber auch einfach mit sich, dass Unbekanntes und Unerwartetes zu Tage treten. In all diesen Situationen muss die Aufstellungsleitung handlungsfähig bleiben und darf sich von möglicher Besorgnis oder Furcht nicht so sehr bestimmen lassen, dass ihre Präsenz und Aufmerksamkeit dadurch beeinträchtigt werden. Je besser ich meine eigene Unsicherheit, mein Nicht-Wissen, meine Verletzlichkeiten und Ängste kenne und mich damit auseinandergesetzt habe, umso größer ist die Chance, dass ich in einer Aufstellung, in der ein beängstigendes Thema aufkommt, davon nicht überwältigt werde.

Furchtlosigkeit bewirkt in unüberschaubarem Gelände handlungsfähig zu bleiben, und zeigt sich als Mut, eine momentane Orientierungslosigkeit angesichts von Unbekanntem auszuhalten.

Gleichzeitig müssen Aufstellungsleiter einen realistischen Blick auf die Möglichkeiten haben, die einerseits die eigenen Fähigkeiten, andererseits das jeweilige Aufstellungssetting bieten. Als Leiter von Aufstellungen bringen sie Methodenkompetenz mit und tragen Verantwortung für den Prozess, in dem sich aber auch unabhängig von ihrer Leitung und Steuerung wichtige Aspekte zeigen können. Für diese Aspekte sollten sie jederzeit offen sein. Der Leiter einer Aufstellung unterstützt die Klienten in der möglichst offenen, unbefangenen und ehrlichen Wahrnehmung ihres Problems und fördert die Offenheit für mögliche Lösungen.

6.2 Grundhaltungen in Organisationsaufstellungen

Neben diese Grundhaltungen, die für jegliche Art von Aufstellungsarbeit bedeutsam sind, also unabhängig von den Systemen, die aufgestellt werden, treten zwei weitere Haltungen und Vorgaben, die in besonderer Weise für die Leitung von Organisationsaufstellungen gelten. Es sind die Transparenz über vorgegebene Ziele und die Konzentration auf konkrete Schritte. Diese beiden Prinzipien ergeben sich aus dem spezifischen Kontext, in dem

Organisationsaufstellungen stattfinden, und aus den Zielen, die oftmals damit verbunden sind. Es ist wichtig, sich diese besonderen Haltungen vor Augen zu führen, da sie auf den ersten Blick in einem Konflikt mit den zuvor formulierten Anforderungen und Grundhaltungen stehen können. Je besser diese etwaige Konfliktlinie verstanden wird, umso leichter lässt sie sich in der Regel auch gestalten.

6.2.1 Transparenz über vorgegebene Ziele

Organisation dienen einem Zweck und verfolgen Ziele. Das unterscheidet sie von Familien oder Einzelpersonen, die sich nicht über einen Zweck definieren, sondern ihren Wert und ihre Bedeutung in sich selbst haben. Damit dient aber auch die Aufstellungsarbeit in Organisationen einem Zweck (vgl. Kap. 5). Ob es sich um Strategieentwicklung, Verbesserung der Führungsqualität, Weiterentwicklung der Kommunikationskompetenzen, Konfliktlösung oder einen anderen spezifischen Auftrag handelt, in dessen Zusammenhang die Aufstellungsarbeit in einer Organisation genutzt wird – immer steht dieser Auftrag in einem Zusammenhang mit dem Organisationszweck. In der Regel soll er die Erfüllung dieses Zwecks unterstützen. Aufstellungsarbeit in Organisationen ist Auftragsarbeit. Sie hat ein Ziel. Der Kontrast mit der zuvor formulierten Grundhaltung der Absichtslosigkeit und Allparteilichkeit liegt auf der Hand. Wie kann es gelingen, z. B. mit den Führungskräften einer Organisation ergebnisoffen zu arbeiten, wenn doch das Ziel der Veranstaltung vom oberen Management schon vorgegeben ist? Dies ist eine potentiell konflikthafte Konstellation, die den meisten Beraterinnen, die von außen in eine Organisation hineinkommen, durchaus vertraut sein dürfte. Sie sind es gewohnt, den Erwartungen des beauftragenden Managements genauso gerecht werden zu müssen wie den Anforderungen, die sich aus der konkreten Sachlage (z. B. Führungsfragen, Teamkonflikte, Veränderungsprozesse) sowie durch die Teilnehmerinnen der Organisationsaufstellung (z. B. die betroffenen Führungskräfte) ergeben können. Es kann hier Interessenkonflikte und unterschiedliche, unter Umständen auch einander entgegenlaufende Ziele geben. Die Leiterin von Aufstellungen kommt nicht umhin, die eigene Position im Zusammenspiel dieser unterschiedlichen Anforderungen und Erwartungen transparent deutlich zu machen. Wie gedenkt sie, die eigene Allparteilichkeit konkret zu gestalten?

Es ist sinnvoll, als externe Beraterin und Organisationsaufstellerin solche etwaigen Ziel- bzw. Interessenkonflikte schon im Rahmen der Auftragsklärung mit dem Management anzusprechen und einen eigenen Gestaltungs- und Handlungsspielraum zu vereinbaren. Wenn diese Zielkonflikte dann in Aufstellungen sichtbar werden – was häufig passiert – ist durch die Auftragsklärung sichergestellt, dass mit ihnen so umgegangen wird, wie es im Rahmen des Auftrags gewollt und möglich ist.

6.2.2 Konzentration auf konkrete Schritte

Georg Senoner (2015) weist darauf hin, dass es beim Familienstellen oft „um die (Er-)Lösung von Verstrickungen und emotionalen Spannungen geht. Am Ende steht ein Bild, wo die Welt bzw. die Familie des Klienten wieder in Ordnung ist." (ebd., 42) Hier wird also oft die systemische Ursache eines Problems gesucht, die wahre Wurzel allen Übels, die zudem oft in der Vergangenheit vermutet wird. Wer als Aufstellungsleiterin aus der Tradition des Familienstellens kommt, könnte versucht sein, diesen gleichen Anspruch einer umfassenden systemischen Auflösung von Problemen auch an Organisationen heranzutragen. Die Wirklichkeit von Organisationen ist signifikant komplexer und vielgestaltiger als die von Familien. Dennoch sind einfache Lösungen für komplexe Fragen auch für viele Manager durchaus etwas Verlockendes. Aber schon Oscar Wilde wusste: „For every great problem, there is a simple solution – and it's wrong." Zumeist gibt es nicht das perfekte Lösungsbild für ein Problem. „Es ist zu weit von der aktuellen Realität entfernt, zu viele unwägbare Faktoren können da noch ins Spiel kommen. Erfahrungsgemäß betreffen die wichtigsten Informationen aus einer Aufstellung den nächsten Schritt in die richtige Richtung." (ebd., 42) Für die Leiterin von Organisationsaufstellungen bedeutet das einerseits:

Bleiben Sie nah am gelebten Alltag, an den praktischen Fragestellungen und den konkreten Problemen der Organisation.

Und behalten Sie Ihre eigenen Erwartungen gut im Blick. Üben Sie sich durchaus in Selbstbeschränkung und Bescheidenheit. Klarheit über konkrete, erste Schritte ist wichtiger als die Komplettlösung für das große Ganze.

6.3 Felder der Aufmerksamkeit und Wahrnehmung

Aufstellungsleiter müssen ihre Aufmerksamkeit beständig in unterschiedliche Richtungen lenken. Sie bemühen sich um die schon erwähnte gleichschwebende Aufmerksamkeit und richten den Fokus ihrer Wahrnehmung mal auf den Klienten und sein Anliegen, mal auf das Gesamtbild der Aufstellung und die Energie, die es vermittelt, mal auf die Stellvertreter und deren Äußerungen und mal auf sich selbst und ihre eigenen Empfindungen und Gedanken. Gilt dieselbe Aufmerksamkeitsverteilung auch für Organisationsaufstellungen oder müssen hier Besonderheiten beachtet werden?

Aufstellungen in Organisationen sind nicht in vergleichbarer Weise zweckfrei wie es das Familienstellen ist. Auch die Anlässe, derentwegen sie stattfinden, können vielfältig sein: Strategieentwicklung, Teamentwicklung, Verbesserung der Führungsqualität oder andere. Alle diese konkreten Anlässe stehen aber immer im Zusammenhang mit dem übergeordneten Organisationszweck.

Im Wesentlichen lassen sich drei Perspektiven der Aufmerksamkeit unterscheiden, die es in der Arbeit mit Organisationen zu integrieren gilt. Manchmal kommen noch weitere Facetten oder Aspekte hinzu, z. B. solche, die nicht direkt Teil der Organisation sind, sondern das System von außen beeinflussen. Diese drei Perspektiven sollten aber immer im Blick sein:

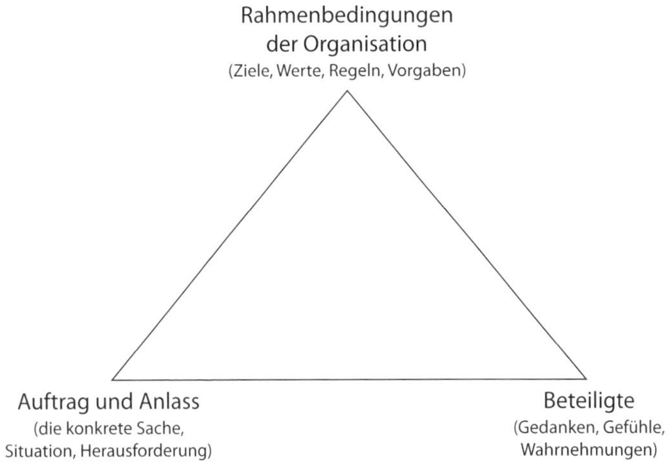

6.3.1 Rahmenbedingungen der Organisation

Jegliche Aufstellungsarbeit in Organisationen muss das Ganze der Organisation mitbedenken – ihre Ziele, Werte, Grundregeln und Maßgaben. Sie stellen den vorgegebenen Horizont dar, innerhalb dessen die Aufstellungsarbeit stattfindet. Sie sind gegeben, dienen als wichtiger Orientierungspunkt und werden normalerweise nicht in Frage gestellt. Folgende Aspekte einer beauftragenden Organisation können in Aufstellungen relevant werden:

- *Ziele der Organisation*
  Diese können unterschiedlicher Art sein und sind vermutlich in einem Wirtschaftsunternehmen finanzieller, in einer Hilfsorganisation hingegen eher humanitärer oder ideeller Art.
- *Werte, Überzeugungen und ethische Standards*
  Viele Organisationen definieren zunehmend ihre grundlegenden Orientierungsprinzipien in Leitlinien und Kodizes, nicht zuletzt, um wachsenden Forderungen nach Verantwortungsübernahme aus Politik und Gesellschaft gerecht zu werden (*Corporate Social Responsibility*, *Compliance*-Regeln).
- *Regeln des Umgangs und der Kommunikation*
  Solche Regeln und Normen sind äußerst wirksam, werden aber nicht immer ausdrücklich formuliert. Manchmal gelten faktisch auch andere Regeln als die offiziell niedergeschriebenen.

In der Regel wissen Mitglieder einer Organisation aber sehr genau, welche Verhaltensweisen erwünscht bzw. notwendig sind.

- *Aktionsorientierung der Organisation*
  Organisationen zeichnen sich meist durch eine hohe Handlungs- und Umsetzungsorientierung aus. Die leitende Frage ist dabei: Was machen wir jetzt? Was tun wir als nächstes? Wie geht es weiter? Welche konkreten Handlungsoptionen ergeben sich für die Organisation? Auch das ist in Organisationsaufstellungen zu berücksichtigen und unterscheidet sie von Systemaufstellungen, in denen es um familiäre oder persönliche Fragestellungen geht und in denen oftmals ein vertieftes Verstehen oder eine emotionale Lösung im Vordergrund stehen.
- *Interne und externe Bezugsgruppen oder -personen*
  Organisationen sind komplexe und intern wie extern vernetzte Gebilde. Fragestellungen innerhalb einer Organisationseinheit sind deswegen oftmals nicht losgelöst vom Ganzen zu verstehen und zu bearbeiten. Sie haben Rückwirkungen auf andere Einheiten, Themen oder Personen. Hier gilt es, das Systemganze zu reflektieren: Wie verändert sich beispielsweise das Kräftefeld im System, wenn sich ein Bereich neu definiert oder ausrichtet? Wer ist von den Veränderungen betroffen? Welche Reaktionen und Rückkoppelungen sind zu erwarten?

6.3.2 Auftrag und Anlass

Der jeweilige Anlass und die mit ihm verbundene konkrete Fragestellung stehen in Aufstellungen im Zentrum der Aufmerksamkeit. Wenn es sich um Familienaufstellungen handelt, ist in der Regel die persönliche Betroffenheit des Auftraggebers hoch. Das wird vielfach in Organisationsaufstellungen auch so sein. Allerdings kommt es hier häufiger vor, dass Auftraggeber und Beteiligte einer Aufstellung nicht identisch sind. Es bedarf dann einer zusätzlichen expliziten Besprechung des Gesamtauftrags, in dessen Kontext eine konkrete Aufstellung steht. Dabei sollte geklärt werden, in welchem Bezug der Gesamtauftrag zu den Fragen, Zielen und Interessen steht, die die tatsächlich an der Aufstellung beteiligten Personen mit ihr verbinden. Unserer Erfahrung nach sollten Aufstellungsleiter mögliche Verantwortungsdiffusion im Blick haben. In Organisationaufstellungen greift manchmal eine andere Dynamik als in Familienaufstellungen: In letzteren ist die persönliche Betroffenheit und damit auch das Interesse automatisch gegeben, da der Klient selbst das Anliegen einbringt. In einer Organisationsaufstellung, in der es beispielsweise um Teamentwicklung gehen soll, kann sich zeigen, dass diese eher von der Führungskraft als vom Team selbst gewollt ist. Der Aufstellungsleiter sollte hier seine Aufmerksamkeit auch darauf richten, ob und wie Verantwortungsübernahme stattfindet und wie diese angestoßen werden kann.

6.3.3 Beteiligte

Neben der sichtbaren, äußeren Wirklichkeit gibt es die inneren Realitäten, nämlich die Gedanken, Gefühle und Befindlichkeiten der Beteiligten. In dieser Hinsicht unterscheiden sich Organisationsaufstellungen zunächst nicht von anderen Aufstellungen. Auch hier befragt der Leiter die Person, die ein Anliegen bzw. Thema eingebringt, wie es ihr mit dem Wahrgenommenen geht. Er erkundigt sich bei den aufgestellten Stellvertretern über ihre Wahrnehmungen und Empfindungen, wobei es ein gutes Gespür für die Wahrung der Privatsphäre braucht. Oftmals gibt es eine große Scheu, sehr persönliche Gefühle oder Gedanken vor Kollegen zu äußern, mit denen es im beruflichen Alltag keinen persönlichen Austausch und keine vertraute Kommunikation gibt. Und schließlich wird der Aufstellungsleiter seine Aufmerksamkeit immer wieder auch auf sich selbst richten, auf seine Wahrnehmungen, Gefühle, Übertragungen, Unsicherheiten und offenen Fragen, um diese gegebenenfalls als relevante Information einzubringen.

Die drei Dimensionen – Rahmenbedingungen der Organisation, Auftrag und Anlass sowie Beteiligte – stellen also die Felder der Aufmerksamkeit und Wahrnehmung dar. Auf praktischer Ebene ist dabei folgendes wichtig:

- Während die inneren Wahrnehmungen der Beteiligten im Lauf der Aufstellung selbst erkundet werden, müssen der Organisationskontext sowie der konkrete Anlass normalerweise im Vorgespräch zu Beginn der Aufstellung besprochen werden. Hier muss manchmal eine Vielzahl von Aspekten und Informationen zur Sprache kommen, damit alle Anwesenden ein ausreichendes Verständnis des Anliegens und seines Kontextes entwickeln können. Deswegen braucht diese Phase der Organisationsaufstellung oft mehr Zeit als beispielsweise in einer Familienaufstellung.

- Die Herausforderung besteht darin, alle drei Aufmerksamkeitsperspektiven gleichermaßen präsent zu halten. Nach unserer Erfahrung müssen alle drei angemessen vorkommen, da sich nur in ihrem Zusammenspiel eine als stimmig empfundene Lösungs- und Handlungsperspektive ergeben kann.
- Wenn sich ein Element im System verändert oder bewegt, kommt es automatisch zu Bewegungen und Wechselwirkungen im Gesamtsystem. Eine Veränderung in einem der drei Felder der Wahrnehmung wird also Rückwirkungen in den anderen zwei Feldern haben. Aufstellungen sind hervorragend geeignet, solche Rückkopplungen sichtbar zu machen und zu reflektieren.

6.4 Durchführung und konkretes Vorgehen

Es gibt kein einheitliches Format für Organisationsaufstellungen. Ihre konkrete Gestaltung variiert je nach Kontext, Thema und Beteiligten. Dennoch gibt es methodische Parameter und inhaltliche Anforderungen, die in den meisten Organisationsaufstellungen zum Tragen kommen und ihnen eine erkennbare und wiederkehrende Grundstruktur geben. Zu diesen Parametern zählen beispielsweise die sechs methodischen Funktionsprinzipien der Aufstellungsarbeit, die wir in Kapitel 2 beschrieben haben. Diese Prinzipien sind wichtige Leitplanken für die methodische Qualität von Aufstellungen, strukturieren aber nicht oder nur mittelbar deren Ablauf in bestimmten Schritten. Dafür gibt es allerdings gute Anhaltspunkte aus einem anderen Modell.

Ganz allgemein lässt sich sagen, dass Organisationsaufstellungen ein Instrument der systemischen Organisationsberatung sind. Systemische Beratungsprozesse lassen sich auf unterschiedliche Weise beschreiben und strukturieren. Die wohl bekannteste Strukturierung in vier Phasen, an der wir uns im Folgenden orientieren, geht auf John Whitmore zurück und ist als ‚GROW-Modell' bekannt geworden (König, Volmer 2018, 82-88). GROW steht dabei für die vier Phasen **G**oal – **R**eality – **O**ptions – **W**hat next.

Grundstruktur systemsicherer Organisationsberatung		
Goal	Orientierungsphase	Klärung des Themas und des Ziels
Reality	Klärungs- und Diagnosephase	Klärung der Ist-Situation
Options	Lösungsphase	Sammlung von Lösungsmöglichkeiten
What next?	Abschlussphase	Festlegung des Handlungsplans

(vgl. König, Volmer 2018, 84)

Auch der typische Ablauf einer Organisationsaufstellung folgt im Kern dieser Struktur. Unsere Aufmerksamkeit richtet sich hier auf die Funktion der Aufstellungsleiterin. Was genau ist ihre Aufgabe in diesen vier Phasen? Worauf achtet sie? Was hat sie zu leisten? Was sollte sie vermeiden?

6.4.1 Orientierungsphase zur Ziel- und Auftragsklärung

Im Kern geht es in dieser Phase darum, das Thema bzw. das Anliegen, das aufgestellt werden soll, präzise zu definieren. Diese Klärung findet üblicherweise in Form eines Vorgesprächs mit einzelnen oder mehreren Personen statt. Das Vorgespräch dreht sich um Fragen wie:

- Worum geht es?
- Was soll durch die Aufstellung geklärt werden?
- Was soll das Ergebnis dieser Aufstellung sein?
- Wer ist beteiligt? Wer spielt eine wichtige Rolle für die Fragestellung?
- Welche Aspekte und Informationen sind relevant?
- Was wurde bisher schon versucht, um das Problem zu lösen?

Dieses Vorgespräch nimmt in Organisationsaufstellungen oftmals deutlich mehr Zeit in Anspruch als in Familienaufstellungen, da sowohl die Aufstellungsleiterin als auch die anderen Anwesenden zunächst Informationen über die konkreten Umstände und den Kontext der Fragestellung brauchen.

Das Ziel der Aufstellungsleiterin in dieser Phase ist es, ein klares Verständnis der Fragestellung und des Anliegens der Klientin zu entwickeln.

Manchmal benötigen Beteiligte dieses Gespräch, um ihre Frage(n) präzise herauszuarbeiten und die tatsächlich relevanten Themen zu benennen. Zuweilen ist das präsentierte Problem nicht das eigentliche, es gibt eine Frage hinter der Frage, die herauszuarbeiten ist. Es ist dann hilfreich, als Aufstellungsleiterin weitere vertiefende Fragen zu stellen, wie etwa:

- Was kommt bisher nicht zur Sprache? Gibt es ein Tabuthema im Raum, über das nicht geredet werden darf? Gibt es verborgene Interessen Anwesender? Gibt es Einfluss- und Machtfaktoren, die unter der Hand eine Rolle spielen und eine offene Aussprache des Problems behindern?
- Gibt es relevante Dimensionen in der Organisation, die von Bedeutung, aber bisher noch nicht zur Sprache gekommen sind? Ein Rückgriff auf die in Kap. 4 beschriebenen fünf Handlungsfelder einer Organisation kann hier sehr hilfreich sein.
- Wozu dient das Problem? Gibt es vielleicht einen verdeckten Nutzen, etwas, das man analog in der Psychotherapie als ‚sekundären Krankheitsgewinn' bezeichnen würde? Ist das Problem vordergründig eine ‚Lösung' und dient vielleicht dazu, einen Schuldigen bzw. Verantwortlichen (Schwarzer Peter) zu benennen? Wer profitiert davon, dass es das beschriebene Problem gibt? Wem nützt es, dass genau die gegebene Problemdefinition gewählt wird? Verdeckt das im Anliegen beschriebene Problem vielleicht andere Probleme, die in Wahrheit dringlicher und wichtiger sind?

Die Aufstellungsleiterin sollte hier geduldig und behutsam vorgehen, ihrer Erfahrung und ihrem Gespür trauen und die eigentliche Aufstellung erst dann beginnen, wenn erstens das wirkliche Anliegen inhaltlich präzise greifbar ist und formuliert werden kann, und zweitens bei der Klientin die Bereitschaft, die Energie bzw. der Leidensdruck wahrnehmbar sind, es hier und jetzt zu adressieren.

6.4.2 Klärungs- und Diagnosephase

Aufstellungsarbeit ist unter anderem ein Instrument zur Analyse, zur Entwicklung eines vertieften Verständnisses einer Sache. Sie nimmt eine Konstellation oder Situation in den Blick. Es geht ihr darum, wahrzunehmen, was ist und was sich bei offenem, unbefangenem Hinschauen zeigt. Und sie nutzt dazu die Perspektiven der Stellvertreterinnen, die aus ihrer jeweiligen Warte auf dieselbe Situation schauen.

Das orientierende Vorgespräch dient dazu, ein erstes Verständnis des Anliegens zu erarbeiten. Die wichtigsten Informationen stehen damit zur Verfügung. Die Klärungs- und Diagnosephase stellt nun eine Art Realitätstest dieser anfänglichen Informationen dar. Dabei geht es nicht darum, deren Glaubwürdigkeit oder Wahrheitsgehalt in Frage zu stellen oder zu überprüfen. In der Aufstellung wird aber bewusst das Wahrnehmungsspektrum erweitert. Durch die aktualisierende Repräsentation, die öffnende Wahrnehmung und die objektivierende Stellvertretung (vgl. Kap. 2.2) kommen andere Perspektiven auf dieselbe Situation und andere Aspekte zum Vorschein, die bisher nicht beachtet wurde. Das Gesamtbild bereichert sich und wird gleichermaßen erweitert und vertieft.

Die Aufgabe der Aufstellungsleitung besteht in dieser Phase unter anderem darin, diese möglichst offene Wahrnehmung der Wirklichkeit, so wie sie ist, zu ermöglichen und zu fördern. Konkret erweist sich dabei zumeist ein schrittweises Vorgehen als sinnvoll: Zunächst werden die wichtigsten bzw. zentralen Personen oder Elemente aufgestellt und dann Schritt für Schritt weitere hinzugenommen, die relevant erscheinen. Das Gesamtbild wird also langsam aufgebaut. Nicht immer ist von vornherein klar, welche Personen oder Aspekte wirklich bedeutsam sind, unbedingt dazugehören und daher aufgestellt werden sollten. Das klärt sich oft nur im Verlauf der Aufstellung selbst. Zudem ergibt sich so die

Möglichkeit, schrittweise zu überprüfen, wie das System auf die jeweils neuen Systemelemente reagiert und sich verändert. Diese Beobachtung ergibt sich oftmals nicht in gleichermaßen klarer Weise, wenn alle Komponenten von Anfang an miteinander aufgestellt werden.

Das Bemühen der Aufstellungsleitung richtet sich also darauf, einerseits den Fokus der Aufstellung und der Teilnehmenden klar auf das Anliegen gerichtet zu halten. Es kann geschehen, dass Nebenschauplätze eröffnet werden, die gar nichts oder nichts Wesentliches zur eigentlichen Fragestellung beitragen. Hier gilt es, die gemeinsame Aufmerksamkeit zu konzentrieren und immer wieder zu verengen. Andererseits weitet die Aufstellungsleitung immer dann den Fokus, wenn andere wichtige Aspekte erkennbar werden und in das Gesamtbild integriert werden müssen.

Ein wesentlicher Teil der Leitungsfunktion in dieser Phase besteht genau darin, den wiederkehrenden Wechsel von Erweiterung und Verengung des Aufmerksamkeitsfokus zu steuern.

Folgende Aspekte sollte die Aufstellungsleiterin im Blick behalten und gegebenenfalls adressieren, um in dieser Phase ein möglichst klares Bild der Fragestellung zu erarbeiten:

- Welche ergänzenden Wahrnehmungen und Informationen stellen die Stellvertreter bereit? Ergibt sich dadurch ein gänzlich neuer Blick auf das ursprüngliche Anliegen?
- Fehlen wichtige Personen, Gruppen oder Aspekte?
- Wer/was steht im Weg? Wer/was blockiert?
- Wieviel Energie ist im Raum und welcher Art ist sie – konstruktiv oder destruktiv, aufgeheizt oder ruhig, schwach oder kraftvoll, angespannt oder friedlich …?
- Wohin richtet sich die Energie?

6.4.3 Lösungs- und Veränderungsphase

Das Bild des Problems oder der Fragestellung, das in der Klärungs- und Diagnosephase aufgestellt wurde, hat meist etwas Unbefriedigendes und Unklares in sich. Es zeigt eine Situation, die einen Veränderungsdruck in sich trägt. Üblicherweise zeigt sich dieser als Impuls der Stellvertreter, sich zu bewegen und die eigene Position zu verändern.

In der Lösungs- und Veränderungsphase geht man diesen Veränderungsimpulsen nach. Neue Positionen und Gesamtkonstellationen werden ausprobiert und auf ihre Stimmigkeit hin überprüft – solange, bis sich ein Gesamtbild ergibt, das als weiterführend und vielleicht sogar als lösend erlebt wird. Es ist auch denkbar, dass die Aufstellungsleitung selbst eine alternative Aufstellung im Kopf hat und die Stellvertreter bittet, diese auszuprobieren. Wenn das individuelle Anliegen einer einzelnen Beteiligten aufgestellt wurde, nimmt diese oftmals die Position ihrer eigenen Stellvertreterin ein. Sie setzt sich der Veränderung und dem Neuen aus, das sich ergeben hat und konfrontiert sich damit. Die Aufgabe der Aufstellungsleitung besteht jetzt darin, diese involvierende Konfrontation sowie die abstrahierende Reflexion und fokussierende Verbalisierung (vgl. Kap. 2.2) anzuleiten und zu ermöglichen. Sie ist in dieser Phase sehr aktiv und nimmt die Prozesssteuerung und auch die Beziehungsgestaltung erkennbar und klar in die Hand. Teilnehmerinnen, die ein eher zurückhaltend-abstinentes Verhalten von Beraterinnen oder Gruppenleiterinnen gewohnt sind, können diese Vorgehensweise der Leitung als unerwartet direktiv oder konfrontierend erleben. „Eine solche Form der Beziehungsgestaltung wirkt dadurch konfrontierend, dass sie sich nicht nach den sozial erwarteten und akzeptierten Formen der Beziehungsgestaltung richtet. Die Möglichkeit, dies zu tun, entsteht aus der Rollenmacht des Leiters." (König 2004, 268 f.)

Nach unserer Erfahrung braucht es Fingerspitzengefühl seitens der Leiterin, diese Rollenmacht so zu nutzen, dass sie der Sache dient und von der Gruppe akzeptiert wird.

6.4.4 Abschluss

Wann eine Organisationsaufstellung endet bzw. zu beenden ist, ist der Erfahrung der Leiterin überlassen. Hier gelten im Wesentlichen die gleichen Hinweise wie für andere Arten von Aufstellungen. So kann die Aufstellung zum einen dann zum Ende kommen, wenn sich ein von vielen als stimmig empfundenes Lösungsbild ergeben hat, oder aber – was in Organisationsaufstellungen eher das Ziel sein dürfte – eine Klarheit über den nächsten konkreten Schritt herauskristallisiert hat. Zum anderen ist das Energieniveau ein wichtiger Indikator für die Beendigung einer Aufstellung. Sie sollte am ehesten dann beendet werden, wenn die Energie am stärksten ist.

Viele Aufstellungsleiter verzichten bewusst darauf, Aufstellungen im Nachgang zu besprechen. Sie bitten darum, das Abschlussbild zu verinnerlichen und darauf zu vertrauen, dass sich von selbst eine Wirkung auf der Handlungsebene einstellen wird. Wir haben schon darauf hingewiesen, dass uns diese Vorgehensweise im Zusammenhang von Organisationsaufstellungen nicht sinnvoll erscheint. Das hat im Kern zwei Gründe: Erstens haben Organisationen eine hohe Handlungs- und Umsetzungsorientierung. Sie nutzen Aufstellungen, um sich Klarheit über nächste Schritte zu verschaffen. Die Aufstellung steht also in einem größeren Zusammenhang und muss auf ihre konkrete Bedeutung hin befragt und reflektiert werden.

Zweitens verstärkt sich aus psychologischer Sicht die nachhaltige Wirksamkeit einer Aufstellung, wenn sie nicht allein auf einem Gefühl von Stimmigkeit und (inter-)subjektiver Evidenz gründet. Die Effekte, die sich auf affektiver Ebene zeigen, sind zwar häufig überraschend und teilweise ungewohnt, eine echte Verankerung auf der Handlungs- und Verhaltensebene findet aber dann am ehesten statt, wenn auch eine kognitiv-reflexive Verarbeitung stattfindet.

Seitens der Aufstellungsleitung erfordert diese Phase einiges an Moderationsgeschick. Was sich in der Aufstellung gezeigt hat, ist vertiefend zu verstehen und zugleich davor zu schützen, nachträglich zerredet, unangemessen in Frage gestellt oder kritisiert zu werden. Die Rolle der Leitung verschiebt sich hier. Sie geht weg von der Aufstellungsleitung und hin zur Prozessmoderation.

Leitende Fragen für die sich anschließende Reflexion könnten sein:

- Wie geht es uns mit dem, was wir wahrgenommen haben?
- Haben wir etwas wahrgenommen, das für unser Miteinander, unsere Kommunikation oder unsere Zusammenarbeit wichtig ist?
- Was hat sich gezeigt, das wir so nicht erwartet hätten? Was war überraschend?
- Was hatten wir vorher in seiner Bedeutung oder in seinem Gewicht nicht gesehen oder beachtet?
- Gibt es Personen oder Aspekte des Themas, zu denen wir unser Verhältnis überdenken oder neu justieren sollten?
- In welche Richtung wollen wir uns jetzt konkret bewegen?
- Was wäre der erste Schritt? Und wie geht er konkret?
- Worauf können wir uns heute verständigen und vereinbaren?
- Wie überprüfen wir die Erreichung dessen, was wir vereinbart haben?

7 Rahmenbedingungen und Formate der Aufstellungsarbeit in Organisationen

Das klassische Format der Aufstellungsarbeit beinhaltet folgende Elemente:

- Arbeit in einer Gruppe von Personen
- Zusammensetzung der Teilnehmergruppe aus Personen, die nicht zu einem gemeinsamen System gehören, und als Stellvertreter ein ihnen fremdes System repräsentieren
- Formulierung eines konkreten Anliegens für die Aufstellung durch eine der Personen im Teilnehmerkreis
- Im Verlauf der Aufstellung Einbeziehung der Person, die das Aufstellungsanliegen formuliert hat, in die Aufstellung, indem er die eigene Rolle im System auch in der Aufstellung selbst übernimmt.
- Steuerung der Aufstellung durch einen Aufstellungsleiter

Dieses Grundsetting wird in der Praxis der Aufstellungsarbeit, sowohl innerhalb als auch außerhalb von Organisationen, in mannigfacher Weise und aus unterschiedlichen Gründen variiert. Die Variationen beziehen sich auf die Anzahl der beteiligten Personen, auf die Herkunft des Aufstellungsanliegens, auf Art und Umfang des Einsatzes von Stellvertretern und auch auf die Rollen, die der Träger des Anliegens einnimmt. Die Gründe für Variationen können sich aus den Zielsetzungen einer Aufstellungsarbeit ableiten, können methodischer Natur sein oder auf der Ebene ganz pragmatischer Umsetzungs- und Gestaltungsaspekte liegen.

7.1 Gestaltungsdimensionen für die Aufstellungsarbeit in Organisationen

Wir erläutern in diesem Kapitel die wesentlichen Gestaltungsdimensionen, aus denen sich unterschiedliche Formate für die Aufstellungsarbeit ergeben, und diskutieren deren Möglichkeiten und Grenzen

7.1.1 Anzahl der teilnehmenden Personen

Die Aufstellungsarbeit ist nicht auf eine bestimmte Anzahl von Personen festgelegt. Es haben sich Formate für sehr unterschiedliche Personenzahlen entwickelt.

So hat die Aufstellungsarbeit schon seit längerem Eingang in die Einzelberatung gefunden und kann selbstverständlich auch dann genutzt werden, wenn die Beratung von Einzelnen in Organisationskontexten erfolgt. Als methodische Variante ist hier insbesondere die Arbeit mit Figuren zu erwähnen. Der Klient erarbeitet mit dem Berater die Fragestellung und nutzt dann Figuren, um die eigene innere Repräsentation des Systems, in dem die Fragestellung relevant ist, aufzustellen. Die Figuren können Personen oder andere, auch ideelle, Systemelemente repräsentieren. Die Beziehungen zwischen den Elementen können ebenfalls dargestellt werden. Ein Klient kann ausgehend von dieser Repräsentation des aktuellen Systems alle Schritte vollziehen, die auch in einem klassischen Aufstellungssetting möglich sind: Erkenntnis der Systemdynamik, Identifikation von Elementen, die zu integrieren sind, um das System in seiner Vollständigkeit zu sehen und zu akzeptieren, sowie Entwicklung von Veränderungsimpulsen. Die Aufstellung mit Figuren bietet eine gute und sehr flexible Möglichkeit, unterschiedliche Szenarien für die eigene Positionierung im und zum System zu entwickeln, die für den Klienten entscheidende Veränderungsimpulse beinhalten können.

Um die Möglichkeiten sowohl der räumlichen Darstellung als auch der Bewegung im Raum und des Ausprobierens unterschiedlicher Positionen und Perspektiven in ähnlicher Weise nutzen zu können wie im klassischen Aufstellungssetting, können in Einzelsettings Bodenanker eingesetzt werden. Der Klient repräsentiert dabei die aufzustellenden Systemelemente mithilfe von Objekten, meist beschrifteten Papieren, die eine Bezeichnung des repräsentierten Systemelements tragen und im Raum auf dem Boden positioniert werden. Wie in der klassischen Aufstellung können hier Nähe und Distanz ebenso genutzt werden wie die Möglichkeit, in bestimmte Positionen und Perspektiven wirklich einzusteigen, indem der Klient sich an die jeweilige Stelle begibt, an der ein Bodenanker liegt, der ein bestimmtes Systemelement repräsentiert. So ist es möglich, die Wahrnehmung des Systems aus dem Kraftfeld zu erzeugen, das sich in dieser Aufstellung ähnlich wie in der klassischen Aufstellung aufbauen kann. Bodenanker sind besonders hilfreich, wenn es für den Klienten darum geht, eigene innere Anteile, wettstreitende Ideen oder Entscheidungsoptionen, eigene Positionierungsmöglichkeiten in einem aktuellen System oder andere Settings anzuschauen, die von der Wahl zwischen Optionen oder Alternativen gekennzeichnet sind. Er kann immer wieder zwischen den Orten im Raum wechseln, die die jeweiligen Optionen repräsentieren und sich Stück für Stück erarbeiten, welche Wahl für ihn die passendste ist.

Auch die Arbeit mit Paaren, also Personen, die eine besondere – berufliche oder private – Beziehung verbindet, kann mit Hilfe der Aufstellungsmethode bereichert werden. In Organisationen wird das insbesondere im Fall von Konflikten relevant, die zwischen Personen bestehen, deren konstruktive Zusammenarbeit für das Funktionieren der Prozesse wichtig ist. Dabei werden in der Regel die Personen, die tatsächlich am Konflikt beteiligt sind, auch in einer Aufstellung ihrer Situation agieren. Es werden keine Stellvertreter zur Verfügung stehen, insbesondere nicht solche, die nicht zum System gehören. Damit ist die zweite wichtige Gestaltungsdimension angesprochen, mit der wir uns in der Folge befassen.

Schließlich werden – und das ist das klassische Aufstellungsszenario – Aufstellungen mit Gruppen von Personen durchgeführt.

Die Gruppengröße kann variieren und ist nicht zuletzt davon abhängig, wie viel Zeit insgesamt zur Verfügung steht. An einem Aufstellungswochenende, das über zwei bis drei Tage dauert, nehmen nicht selten 15 bis 20 Personen teil. Auch bei Aufstellungen in Organisationen kann mit entsprechenden Gruppengrößen gearbeitet werden.

7.1.2 (Nicht-)Systemzugehörigkeit und Stellvertreterprinzip

In der klassischen Familienaufstellung repräsentieren Menschen ein System, zu dem sie selbst nicht gehören.

Lediglich die Person, deren familiäres System aufgestellt wird, wird früher oder später in die Aufstellung einbezogen. Aber auch sie ist zunächst außerhalb der eigentlichen Aufstellung in einer beobachtenden Position. Diese spezifische Methode der Aufstellungsarbeit ermöglicht einen besonderen Zugang zum aufgestellten System. Dadurch, dass Personen, die nicht zum aufgestellten System gehören, dieses ihnen fremde System repräsentieren, sind sie auf die tiefere Systemdynamik, die grundlegenden Beziehungsmuster und die systemrelevanten Rollen der Beteiligten fokussiert, die oberflächlichen Interaktionen und Informationen, die vielen Details, die von den wesentlichen Dimensionen ablenken können, sind ihnen nicht bekannt und bleiben in der Aufstellung außen vor. Die Reduktion auf das Wesentliche des Systems wird durch die Arbeit mit Menschen, die nicht zum repräsentierten System gehören, überhaupt erst ermöglicht.

Oliver König beschreibt sehr treffend diese Besonderheit der Methode und weist auf die Bedeutung für die Arbeit hin: „Die relative Kargheit der Aufstellungsarbeit ... erwächst ... aus dem Versuch, die ‚Oberflächenstruktur' (Moreno) unserer alltäglichen Annahmen und normativen Verschreibungen über Familie zu durchdringen, um an das dahinter angesiedelte implizite ‚Wissen' eines jeden über diese Strukturen anzuschließen. ... Ausgegangen wird dabei davon, dass die Arbeit im Stellvertretersystem die Strukturen und Dynamik der dargestellten Realgruppe hinreichend gut abzubilden vermag. Zugleich liegt die Unterscheidung zwischen Darstellung und Dargestelltem, zwischen Bild und Abbild, zwischen Stellvertretergruppe und dargestellter Familie dem ganzen Ansatz zugrunde. ... Gäbe es diesen Unterschied nicht, dann könnte der Therapeut überhaupt nicht in der Art, wie dies in der Aufstellungsarbeit geschieht, in das System eingreifen. Das Abbild besitzt eben nicht die gleichen Beharrungskräfte wie das Abgebildete" (König, 2004, 146f.).

So erscheinen das Prinzip der Distanz zum aufgestellten System sowie das Stellvertreterprinzip als konstitutiv für die Methode der Familienaufstellung. Was bedeutet das für die Übertragung der Aufstellungsmethode auf den Kontext einer Organisation? Kann dort ebenso konsequent mit systemfremden Stellvertretern gearbeitet werden? Diese müssten ja von außerhalb der Organisation kommen, zumindest aus anderen als den repräsentierten Organisationsteilen, um die Unvoreingenommenheit, die aus der Unkenntnis der Oberflächenstruktur resultiert, einbringen und sich auf die tiefer liegende Systemdynamik konzentrieren zu können.

Möglich, aber unserer Einschätzung nach nicht die häufigste Vorgehensweise, ist tatsächlich ein Format, in dem Menschen zusammenkommen, die zu unterschiedlichen Organisationen gehören oder sich Personen zusammenfinden, die nicht einer bestimmten Organisation angehören. Wenn eine solche Gruppe von Menschen dann ein individuelles Anliegen eines Beteiligten in einer Aufstellung bearbeitet, agieren die übrigen wie Stellvertreter in einer Familienaufstellung – auch wenn der Kontext dieses Anliegens die Organisation ist, in der diese Person tätig ist. In dieser Konstellation wird das methodische Grundprinzip der Familienaufstellung genutzt. Beispielsweise kann eine Gruppe von Führungskräften aus unterschiedlichen Organisationen zusammenkommen, um mit der Methode der Aufstellungsarbeit spezifische Fragestellungen, die jeder Einzelne bezüglich seiner eigenen Rolle, Tätigkeit, Verantwortung etc. in der eigenen Organisation hat, zu bearbeiten. Die einzelnen Teilnehmenden nutzen dann die systemfremden, aber mit der Führungsrolle in Organisationen grundsätzlich vertrauten übrigen Teilnehmenden, um das System aufzustellen, zu dem sie selbst gehören.

Auch ist vorstellbar, dass im Rahmen eines Trainings oder Workshops zu einem wie auch immer gearteten Thema, zu dem Menschen aus unterschiedlichen Organisationen zusammenkommen, neben anderen Methoden auch mit der Aufstellungsmethode gearbeitet wird. Auch hier können dann die unterschiedlichen Teilnehmenden als Stellvertreter agieren, denen das aufgestellte System aus ihrem realen Leben nicht bekannt ist.

Vielfach wird die Aufstellungsarbeit in Organisationen aber so eingebunden werden, dass die Beteiligten auch Teil des repräsentierten Systems sind.

Man stellt ein Team, eine Arbeitsgruppe, eine Abteilung etc. vermutlich häufiger und eher mit den Personen auf, die tatsächlich dazu gehören, als mit Stellvertreter, die nicht dazu gehören. Das hat ganz pragmatische Gründe, die aus dem Beratungsverständnis und -ansatz resultieren, der für Organisationen typisch ist. Die Beratenden arbeiten unmittelbar mit den Menschen zusammen, die zur beratenen Einheit gehören. An einer Teamentwicklungsmaßnahme nehmen sinnvollerweise alle Teammitglieder inkl. der Person(en) teil, die das Team führt (führen). Wenn die Teamsituation in einer Aufstellung bearbeitet wird, werden genau diese Personen beteiligt sein, vermutlich auch jeder in der eigenen Funktion und Rolle. Man kann über die Variante nachdenken, zum Perspektivwechsel die Repräsentanten auszutauschen, so dass jeder nicht die eigene, sondern eine andere Funktion im Team repräsentiert. Das ist eine zweifellos interessante Variante, die allerdings nichts daran ändert, dass die Beteiligten die Oberflächenstruktur des dargestellten Systems sehr genau kennen und sich unter Umständen schwerer tun, auf die Ebene der zugrundeliegenden Dynamik und Beziehungskonstellationen zu schauen.

Welche Besonderheiten ergeben sich aus der Abweichung vom Stellvertreterprinzip, die man bei Organisationsaufstellungen durchaus häufig erlebt? Es gibt hier einige wichtige Aspekte, die zu beachten sind:

Ein erster wichtiger Aspekt ist zweifellos, dass die Beteiligten ein viel umfangreicheres Detailwissen zum aufgestellten System haben. Wer die vielen unterschiedlichen alltäglichen Abläufe, die vielen Besonderheiten in Rollen, Beziehungen, Verantwortungen und Interaktionen im Rahmen seiner Organisation kennt, tut sich oft schwerer, sich auf die dahinterstehenden Muster und die zugrundeliegende Dynamik einzustellen, deren Visualisierung und Verdeutlichung zu den entscheidenden Stärken der Aufstellungsmethode zählt. Der Fokus auf Körperwahrnehmungen und Emotionen, auf das Agieren im Raum und auf spontane, ausschließlich aus der Aufstellungsdynamik resultierende Impulse, fällt dann deutlich schwerer. Es gibt zu wenig Distanz zum System. Rationale Erwägungen, Erfahrungswissen, Regeln und Normen oder auch die Kultur der Organisation prägen das Verhalten in der Aufstellung unter Umständen mehr als das unvoreingenommene Wahrnehmen der Konstellation und der tieferen Bezüge zwischen den aufgestellten Elementen.

Der zweite wichtige Aspekt ist, dass die Beteiligten nicht aus einer unvoreingenommen-neutralen Haltung heraus agieren werden, wie das ganz überwiegend systemfremde Stellvertreter tun. Wenn in einer Aufstellung im Kontext einer Organisation das aufzustellende System von den Personen aufgestellt wird, die zum realen System gehören, tragen sie all ihre Interessen, Ziele und Emotionen in die Aufstellung hinein, die für sie mit ihrer Systemzugehörigkeit assoziiert sind. Es erscheint dem einen oder andren unter Umständen nicht opportun, in einer Aufstellung eine bestimmte Position oder Haltung einzunehmen, wenngleich diese sich aus der Dynamik der Aufstellung heraus sehr deutlich anbietet. Die Sorge, sich damit bloßzustellen, eigene Schwächen oder Fehler deutlich werden zu lassen, auf angestammte Rechte und Privilegien zu verzichten kann so groß sein, dass ein freies Agieren in der Aufstellung nicht mehr funktioniert.

Der dritte Aspekt, den man bedenken muss, resultiert daraus, dass Systemen eine Tendenz zur Beharrung im jeweiligen Zustand zu eigen ist und Veränderungen nicht so leicht angestoßen und vollzogen werden können. Repräsentierte Systeme in Aufstellungen sind aber, das hat König (s. o.) überzeugend dargelegt, nicht vom gleichen Beharrungsdrang geprägt. In Aufstellungen kann man sehr viel leichter als in der Realität Systemkonstellationen verändern, Beziehungsmuster durchbrechen und Rollenveränderungen ausprobieren als im realen Leben. Allerdings kann die Beteiligung der tatsächlich im System zusammenwirkenden Personen in einer Aufstellung auch das Beharrungsinteresse des realen Systems stärker in die Aufstellung hineintragen. Alle typischen Vorbehalte und Bedenken, Ressentiments und Sorgen, Ängste oder Nöte, die die Personen im realen Leben von Veränderungen abhalten, können sich dann auch in der Aufstellung als hinderlich auf die Kreativität und Experimentierfreude auswirken, mit denen Stellvertreter in einer klassischen Aufstellung dem repräsentierten System begegnen können.

Ist schon mit diesen drei bedeutsamen potenziellen Schwachstellen in der Aufstellungsarbeit mit systembeteiligten Personen deren Nutzen neutralisiert? Sollte man darauf eher verzichten? Wir denken, dass dem auch gewichtige Vorteile gegenüberstehen:

Ein erster wichtiger Punkt ist die mit der sehr intensiven Aufstellungsarbeit einhergehende Stärkung der persönlichen Vertrauensbasis und der persönlichen sowie der Rollenbeziehungen. Es erscheint uns geradezu unvermeidbar, dass im Zuge einer Aufstellungsarbeit mit Kollegen, die auch im Alltag wichtige Bezugspersonen sind, fehlende Kontakte, schwacher Austausch, Vorbehalte gegeneinander oder gar Misstrauen abgebaut werden und stattdessen mehr Wissen, Interesse und Verständnis untereinander entstehen. Die Dynamik der Methode und eine erfahrene, mutige Aufstellungsleitung ermöglichen es, trotz der oben genannten Risiken, zum Austausch über sehr wichtige und grundlegende Fragen im aufgestellten System zu kommen. Zudem führt die Methode die Beteiligten sehr klar dahin, sich zu positionieren, ihre tatsächlichen und wesentlichen Überlegungen zu formulieren und sich persönlich einzubringen. Auch wenn sie Vorsicht walten lassen, öffnen sie sich mit der Aufstellungsmethode mehr als ohne sie.

Ein zweiter Aspekt ist die grundsätzliche Stärkung der Bereitschaft und Fähigkeit zum Perspektivenwechsel durch die Aufstellungsarbeit. Insbesondere, wenn in Aufstellungen die jeweils relevanten Facetten aufgezeigt und den übrigen in der Aufstellung agierenden Kollegen mitgeteilt werden, die das Denken, Empfinden und Verhalten in der eigenen Rolle bestimmen, entsteht ganz typischerweise eine ungewohnte Offenheit und ein tieferer Austausch als im Alltag. Die Bereitschaft, sich auf die Perspektiven der anderen einzulassen, nimmt dabei deutlich zu. Auch der Nutzen des Perspektivenwechsels, um Optionen und Ideen zu entwickeln, wird sehr eindrücklich deutlich.

Drittens sei darauf hingewiesen, dass in einer Aufstellung, in der die tatsächlich im System kooperierenden Personen das System auch repräsentieren, alle Erkenntnisse und Einsichten, alle Ideen und Optionen, die in der Aufstellung deutlich werden oder entstehen, auf der Basis dieser gemeinsamen Wahrnehmung und Verarbeitung deutlich schneller, konsequenter und mit weniger Widerständen umgesetzt werden können. Alle Beteiligten haben unmittelbar sehen können, wie und warum eine Einsicht oder Idee Zustimmung gefunden hat oder welche Veränderung vielversprechend erscheint. Die Beteiligten entwickeln eine tiefgreifende gemeinsame Erfahrung, die sie auch zu gemeinsamen, zumindest aber weitgehend geteilten Auffassungen über den richtigen Weg führt.

Damit zusammenhängend sei auf einen vierten positiven Aspekt hingewiesen: Im Anschluss an eine solche gemeinsame Erfahrung und auf der Basis der Entwicklung einer abgestimmten Haltung und Vorgehensweise lassen sich deutlich einfacher und verbindlicher die konkreten Verabredungen zum weiteren Vorgehen und zur Umsetzung der erforderlichen Schritte entwickeln und die entsprechende Energie mobilisieren.

Die Aufstellungsarbeit mit den zum System gehörenden Personen ermöglicht fünftens, Rollen und Verantwortungen der konkret kooperierenden Menschen zu hinterfragen, zu klären und in ihrer zukünftig gewünschten Konstellation zu entwickeln. Diese direkte und unmittelbare Auseinandersetzung der beteiligten Personen wird durch die Aufstellungsmethode gestärkt und gefördert, da sie auch den Blick auf die persönliche Bedeutungsebene und die Beziehungsebene lenkt und von der reinen Oberflächenstruktur einer sachlichen Abstimmung wegführt auf andere wichtige Ebenen, die Rollenbindung und Verantwortungsübernahme bestimmen.

Insgesamt bietet die Aufstellungsarbeit mit systembeteiligten Personen die eindeutige Chance, Teamgeist und Wir-Gefühl unter den das System tragenden Personen, die auch in der Aufstellung interagiert haben, zu stärken.

Sowohl Klärungen auf der sachlichen Ebene als auch wichtige innere Klärungsprozesse bei den Einzelnen und vertrauensbildende Eindrücke und Erfahrungen untereinander tragen diese Wirkung.

Es ist eine der zentralen Aufgaben einer stringenten, mutigen und wachsamen Aufstellungsleitung, dafür Sorge zu tragen, dass die oben angesprochenen Risiken minimiert und die hier vorgestellten Chancen genutzt werden. Eine sehr lesenswerte Reflexion der Arbeit mit Realgruppen bieten Rosselet und Senoner (2010).

7.1.3 Eigenes oder fremdes, individuelles oder gemeinsames Anliegen

Im Kontext von Organisationen ist es nicht ungewöhnlich, dass die Auseinandersetzung mit Aufgaben, Themen, Veränderungen oder Konflikten nicht unbedingt von allen beteiligten Personen gewollt ist, u. U. sogar eher nicht gewollt ist. Demgegenüber aber erwartet vielfach das Management die entsprechende Auseinandersetzung sehr wohl. Durch diese Konstellation kann es in Aufstellungen auch darum gehen, gewissermaßen fremde Anliegen aufzustellen, die aus der Gruppe selbst als Thema nicht gewählt würden. Andererseits kann es Themen geben, die alle gemeinsam und auch alle recht intensiv beschäftigen, die also ein gemeinsames Anliegen darstellen. Die klassische Konstellation der Familienaufstellung, dass ein Klient das eigene Anliegen mithilfe der anderen Anwesenden aufstellt, kann es demzufolge auch im Organisationskontext geben, aber hier zeigen sich auch andere Quellen von Anliegen und andere Haltungen der Beteiligten zu diesen Anliegen.

Auch eher sachliche Fragen, beispielsweise Vision und Strategie der Organisation, Werte und Leitbilder, Kultur und Organisationsentwicklung können Themen und damit dem ‚Anliegen' analoge Gegenstände von Aufstellungen sein. Sie sind dann in der Regel nicht von einzelnen Personen aus der Gruppe eingebracht, sondern definitiv ein gemeinsames Anliegen aller Beteiligten. Das verändert die Dynamik und auch die Wirkung der Aufstellung auf das System. In aller Regel wird durch die Betroffenheit und Beteiligung aller auch die emotionale Beteiligung innerhalb der Aufstellung steigen und es können sehr persönlich gefärbte Reaktionen das Geschehen deutlich beeinflussen. Auch hier ist eine konsequente und klare Aufstellungsleitung extrem wichtig.

Wenn Menschen zur Aufstellung eines Themas zusammenkommen, das sie als Gruppe oder zumindest mehrheitlich beschäftigt, muss die Leitung darauf achten, dass die Perspektiven aller, die in das Thema involviert sind, in einer Aufstellung auch Raum bekommen. Es darf dann nicht eine Person mit ihrer Sicht und ihren Fragen im Vordergrund stehen. Daher wird schon für die Phase der Besprechung der Fragestellung und des eigentlichen Aufstellungsauftrags mehr Zeit und mehr Aufmerksamkeit für unterschiedliche Personen erforderlich sein als bei der Aufstellung des Anliegens einer Person. Es ist in diesen Fällen wichtig, dass eine Formulierung des Aufstellungsanliegens erarbeitet wird, die für alle Relevanz hat und von allen getragen wird.

Zudem muss die Leitung im Verlauf der Aufstellung dafür sorgen, dass die unterschiedlichen Positionen und Bewegungen der Beteiligten ausreichend gesehen und gewürdigt sowie in ihren Wirkungen auf das System reflektiert werden. Es kann sein, dass in Phasen der Aufstellung einzelne Personen stark fokussiert werden, dieser Fokus muss dann aber wieder aufgelöst und anderen Raum gegeben werden.

In einer solchen Aufstellung eines alle Beteiligten betreffenden Themas wird es auch besonders wichtig sein, die wechselseitigen Beziehungen und auch die Wirkungen von Beziehungsveränderungen auf das System insgesamt aufmerksam in den Blick zu nehmen.

7.2 Formate

Trotz der beschriebenen relativen Vielfalt, die Aufstellungsarbeit in Organisationen annehmen kann, zeigen sich einige grundlegende Formate, die zu unterscheiden sinnvoll ist. Diese Formate kommen dann in verschiedenen Arbeitssettings zum Tragen und können dort genutzt werden.

Die folgende Übersicht zeigt die Formate und die Schwerpunkte ihres Einsatzes auf. Dabei werden die Begriffe „mit Stellvertretung“ und „in einer Realgruppe“ im Hinblick auf die Zusammensetzung von Teilnehmergruppen verwendet: Als Gruppen *mit Stellvertretung* werden hier solche bezeichnet, in denen Menschen in der Aufstellung ein System repräsentieren, zu dem sie nicht gemeinsam gehören. Als *Realgruppen* werden solche bezeichnet, in denen Angehörige eines Systems auch in der Aufstellung dieses System repräsentieren.

Formate	**Schwerpunkte für den Einsatz**
Einzelberatung mit Aufstellungsarbeit (Coaching)	• Individuelle Unterstützung zu allen aktuellen und zukünftigen rollenbezogenen Fragestellungen • Persönliche Entwicklungsplanung/ Karriereentwicklung
Aufstellungsarbeit in einer Gruppe *mit Stellvertretung* (Training, Workshop)	• Lösung aktueller Herausforderungen/ Probleme • Wahrnehmung der jeweiligen persönlichen Verantwortung in Themen, Projekten, Führung • Persönliche Ziel- und Wegklärung
Aufstellungsarbeit in einer *Realgruppe*	• Teamentwicklung • Koordination und Kooperation in Projekt- und Arbeitsgruppen • Organisationsentwicklung (z. B. Vision, Strategie, Zielbestimmung, Innovation, Veränderung)

Die hier gezogenen Grenzen, insbesondere zwischen den typischen Einsatzschwerpunkten in der Arbeit mit Stellvertreterinnen vs. in Realgruppen, sind nicht scharf zu ziehen. Auch in einer Gruppe mit stellvertretender Arbeitsweise kann eine Teilnehmerin Fragen der strategischen Organisationsentwicklung oder des Change Managements für den eigenen Verantwortungsbereich in einer Aufstellung bearbeiten. Und ebenso können in einer Realgruppe aktuelle Herausforderungen und Probleme bearbeitet werden, die ggf. auch nur eine der teilnehmenden Personen direkt betreffen. In einer solchen Aufstellung können beispielsweise auch Bezugssysteme aufgestellt werden, in die nur die Person eingebunden ist, die das Anliegen einbringt. Die übrigen können dann im klassischen Sinn als Stellvertreterinnen agieren. Zum Beispiel könnte in einem Vertriebsteam ein Key Account Manager das eigene Kundensystem aufstellen, in dem die übrigen Teammitglieder nicht aktiv sind. Sie nehmen dann klassische Stellvertreterfunktionen im Sinne der Aufstellungsarbeit für die Repräsentation dieses Kundensystems eines Kollegen wahr. Daher sind die Formate nicht eindeutig, sondern nur in der Tendenz eher bestimmten Einsatzschwerpunkten zuzuordnen.

In Kapitel 2 haben wir die sechs entscheidenden methodischen Funktionsprinzipien in der Aufstellungsarbeit herausgearbeitet:

- die aktualisierende Repräsentation
- die öffnende Wahrnehmung
- die objektivierende Stellvertretung
- die involvierende Konfrontation
- die abstrahierende Reflexion
- die fokussierende Verbalisierung

Wenn wir auf die hier unterschiedenen drei Formate der Aufstellungsarbeit in Organisationen schauen, wollen wir zum Schluss dieses Kapitels herausarbeiten, ob sie diese Funktionsprinzipien auch stringent nutzen, damit die Aufstellungsarbeit in Organisationen ähnlich wie die Familienaufstellung ihre volle Wirkung entfalten kann.

In allen Formaten findet durch die Aufstellungsarbeit die aktualisierende Repräsentation des Systems statt, um das es jeweils geht. Unabhängig davon, ob mit Figuren oder Bodenankern im Einzelsetting, mit Stellvertreterinnen im Gruppensetting oder mit Realgruppen gearbeitet wird, gilt die methodische Grundannahme, dass das repräsentierte System mit den relevanten Elementen und der Beziehungsdynamik zwischen diesen Elementen erlebbar wird. Dadurch ist es möglich, die Einbindung der Elemente in das System im Rahmen der Aufstellungsarbeit tatsächlich zu erleben und die Bedeutung dieser Einbindung für die Betroffenen und auch für das System insgesamt nachzuvollziehen und zu erkennen.

Das Prinzip der öffnenden Wahrnehmung besteht darin, dass in der Aufstellungsarbeit durch die Ausrichtung auf die körperliche Präsenz und die körperorientierte Wahrnehmung neue Blickwinkel auf Zusammenhänge ermöglicht und erschlossen werden. Auch dieses Prinzip kann in allen drei genannten Formaten für die Aufstellungsarbeit in Organisationen zur Wirkung gebracht werden. Es ist allerdings erforderlich, dass die Aufstellungsleitung die beteiligten Personen, seien sie als Stellvertreter oder real ins System eingebunden, dazu anleitet, sich auf ihre Wahrnehmungen in der Aufstellung, insbesondere ihre Körperwahrnehmungen, zu konzentrieren. In der Einzelberatung mit Figuren gelten allerdings Einschränkungen. Hier bleibt die Klientin außerhalb der Aufstellung, die in diesem Fall ja auf einem Tisch oder Brett umgesetzt wird. Man wird ihn oder sie nicht auffordern, sich auf den Tisch zu begeben und sich unter die Figuren zu mischen ... Damit man dennoch der besonderen Rolle der Wahrnehmung der Systemdynamik durch den Einstieg in die Repräsentation des Systems gerecht werden kann, muss die Aufstellungsleitung immer wieder explizit dazu auffordern, sich in bestimmte Personen, Positionen und Beziehungen in der Figurenaufstellung bewusst und intensiv einzufühlen. Manche Aufsteller nutzen dafür die Kontaktaufnahme in Form der Berührung einzelner Figuren in der Aufstellung. Das ist nach unserer Erfahrung nicht jedermanns Sache und auch nicht erforderlich, um eine Wahrnehmung der Systemdynamik zu ermöglichen. Wichtig ist, diesem Prozess der Einfühlung Zeit zu geben, zur ganzheitlichen Wahrnehmung der Systemdynamik immer wieder zu ermutigen und aufzufordern und auf die besondere Bedeutung der Empathie in diesem Prozess hinzuweisen.

Das Prinzip der objektivierenden Stellvertretung wird nur bei der Arbeit mit Stellvertreterinnen umgesetzt und genutzt. Dabei sind mit Stellvertreterinnen tatsächlich Personen gemeint, nicht Figuren oder Bodenanker, die im Einzelsetting genutzt werden und auch stellvertretend für Systemelemente stehen. In der Arbeit mit

Realgruppen fehlen ja gerade die Stellvertreterinnen, so dass hier ein markanter methodischer Unterschied zwischen den Formaten festzuhalten ist. Die großen Vorteile der Arbeit mit Stellvertreterinnen und der aus ihnen resultierende Nutzen für die aufstellenden Personen, wird nur im Format der Aufstellungsarbeit mit Stellvertretung realisiert. In abgeschwächter Form kann der Nutzen, den das methodische Prinzip der Stellvertretung ermöglicht, allerdings auch in der Arbeit mit Realgruppen etabliert werden. Das geht dann, wenn die beteiligten Personen im Rahmen der Aufstellung nicht in die eigenen Rollen eintreten, sondern stellvertretend für andere Personen oder Elemente daran teilnehmen. Sie verlassen dadurch ihre persönliche Perspektive und Einbindung und ermöglichen sowohl für sich selbst als auch für die anderen an der Aufstellung beteiligten oder sie von außen beobachtenden Personen neue Perspektiven auf das System. Inwieweit diese neuen Perspektiven zur Objektivierung des Bildes vom System beitragen, hängt allerdings sehr davon ab, wie gut es ihnen gelingt, sich nicht nur von der eigenen Position, sondern auch von den persönlichen Einstellungen, Haltungen und Emotionen dem System gegenüber zu lösen.

Die konfrontierende Einbindung wird zweifellos in der Arbeit mit Realgruppen besonders stark genutzt. Hier sind alle an der Aufstellung Beteiligten auch im Alltag ins aufgestellte System eingebunden. Sie werden definitiv und – je nach Prozessverlauf in der Aufstellung – ggf. auch sehr intensiv mit ihrem System, mit der eigenen Rolle und Verantwortung, mit Konflikten und Beziehungsdynamiken konfrontiert. Wenn in einer Gruppenarbeit mit Stellvertreterinnen das klassische Setting gegeben ist, dass jeweils eine Person ihr System aufstellt, zu dem die übrigen Personen und damit auch die, die in die Stellvertretung gehen, nicht gehören, findet die konfrontierende Einbindung immer erst in einem zweiten Schritt und auch nur für diese eine Person statt – nämlich sobald sie anstelle der eigenen Stellvertreterin selbst in die Aufstellung eintritt. Bei der Einzelberatung mit Bodenankern tritt in der Regel auch die beratene Person in die Aufstellung ein und wird mit der Systemdynamik persönlich konfrontiert. Daher ist auch hier dieses Prinzip gut repräsentiert. Wenn mit Figuren gearbeitet wird, sieht es wiederum anders aus. Hier kann die konfrontierende Einbindung nicht real, sondern nur in der Vorstellung des Aufstellenden vollzogen werden und hat damit nicht die gleiche Unmittelbarkeit, die sie in den anderen Formaten hat.

Die besondere Rolle der abstrahierenden Reflexion im Rahmen einer Aufstellungsarbeit besteht darin, die Aufstellung und ihre verschiedenen Perspektiven mit den Lebenserfahrungen derjenigen, deren System aufgestellt wird, zu verbinden und Muster der Einbindung ins System zu erkennen sowie Veränderungsimpulse zu generieren. Dieser methodische Schritt kann und sollte selbstverständlich auch in allen Formaten, die wir hier vorstellen, vollzogen werden. Insofern es dabei gerade darum geht, die unterschiedlichen Erfahrungen, Eindrücke und Perspektiven miteinander in Verbindung zu bringen, die einerseits aus der objektivierenden Stellvertretung und andererseits aus der involvierenden Konfrontation entstehen, kann die Wirkung auch der abstrahierenden Reflexion durch Einschränkungen auf einer der anderen methodischen Ebenen beschränkt werden. Wo beispielsweise keine Stellvertreterfunktion wahrgenommen wird und die entsprechenden objektivierenden Systemeinblicke nicht gegeben sind, können sie auch nicht mit den Kräften, die in einer involvierenden Konfrontation deutlich werden, abgeglichen werden.

Im letzten unserer sechs vorgestellten methodischen Prinzipien der Aufstellungsarbeit geht es um die fokussierende Verbalisierung. Dabei geht es um die Formulierung von Aussagen, die das Erlebte zusammenfassen und dessen Bedeutung und Relevanz für die Person(en), deren Aufstellung vollzogen wurde, herausarbeiten, ggf. auch wichtige Hinweise für die Umsetzung im Alltag formulieren und dadurch ins Bewusstsein holen und dort verankern. Auch dieses methodische Prinzip lässt sich in allen Formaten umsetzen und nutzen. Es ist immer möglich, für die Beteiligten die für sie wichtigen Erfahrungen und Schlussfolgerungen prägnant zu formulieren, explizit auszusprechen und aus der Aufstellung als Haltungsmaximen oder Handlungsimpulse für die eigene Einbindung ins reale System mitzunehmen.

Die folgende Tabelle fasst die Ergebnisse dieser Betrachtung zusammen.

Methodische Prinzipien	**Formate**		
	Einzelberatung mit Aufstellung	Gruppenaufstellung mit Stellvertretung	Aufstellung mit einer Realgruppe
Aktualisierende Repräsentation	Ja	Ja	Ja
Öffnende Wahrnehmung	Ja, bei der Arbeit mit Bodenankern Reduziert bei der Arbeit mit Figuren	Ja	Ja
Objektivierende Stellvertretung	Nein	Ja	Nur sehr eingeschränkt
Konfrontierende Involvierung	Ja, bei der Arbeit mit Bodenankern Reduziert bei der Arbeit mit Figuren	Ja, allerdings beschränkt auf die jeweiligen Träger des Anliegens	Ja
Abstrahierende Reflexion	Ja	Ja	Ja
Fokussierende Verbalisierung	Ja	Ja	Ja

Tabelle: Nutzbarkeit der methodischen Prinzipien der Aufstellungsarbeit in unterschiedlichen Aufstellungsformaten

8 Anwendungsfelder

Organisationsaufstellungen sind eine Methode, mit der alle möglichen Themen betrachtet und vertieft werden können. Sie liefern aber nicht zu allen Themen gleichermaßen relevante und verwertbare Informationen. Wir beschreiben in diesem Kapitel diejenigen Anwendungsfelder, in denen unserer Erfahrung nach die Aufstellungsarbeit in einer Organisation am sinnvollsten genutzt werden kann. Wir unterscheiden dabei die Bereiche Organisationsdiagnostik, Organisationsentwicklung, Konflikte, Change Management, Personalentwicklung und Führung.

Für welche Themenbereiche Systemaufstellungen gewinnbringend genutzt werden können, wird dann am deutlichsten, wenn wir uns vor Augen führen, welche Phänomene und Dynamiken sich in Aufstellungen eigentlich beobachten lassen. Wir haben deswegen vor dem Abschnitt über die Anwendungsfelder eine Reflexion darüber eingefügt, was Aufstellungen eigentlich sichtbar machen.

8.1 Was Aufstellungen sichtbar machen

Aufstellungen machen Phänomene sichtbar, die wir sonst nicht unmittelbar sehen. Das ist ihre Stärke. Manche Fragestellungen sind der kognitiven Reflexion direkt zugänglich, für sie muss man sich einfach nur die Zeit zu einem gründlichen Hinschauen und Nachdenken nehmen. Systemaufstellungen hingegen machen sichtbar, was sich dem direkten kognitiven Zugriff entzieht, entweder weil es zu komplex ist und sich in seinen multiplen Abhängigkeiten und Wechselwirkungen kaum greifen läßt oder aber weil es in den Bereich des Gefühlten, Vorbegrifflichen, Noch-nicht-Gedachten oder Unbewussten gehört, also per Definition einer rationalen Analyse nicht unmittelbar zugänglich ist.

Diese Realitäten, die in Aufstellungen sichtbar werden, können im gelebten Alltag einer Organisation, in ihren Abläufen, ihren Beziehungen und ihrem Funktionieren äußerst wirksam sein. Sie sind aber anderer Art als die Tatsachen, die normalerweise in Organisationen zur Sprache kommen.

Glücklicherweise hat sich inzwischen bei vielen Verantwortlichen in Organisationen ein Bewusstsein dafür entwickelt, dass es solche Facetten der Wirklichkeit gibt, die das Leben und die Performance einer Organisation enorm beeinflussen und nicht selten sehr beeinträchtigen können. Einige dieser Facetten – nicht alle – fallen in die Kategorie, die gerne *soft facts* genannt wird. Genau diese weichen Faktoren sind oft die eigentlichen *hard facts.*

8.1.1 Innere Bilder

Aufstellungen bilden nicht die objektive Wirklichkeit ab – das ist eine Feststellung, die nicht oft genug wiederholt werden kann. Was sich in Aufstellungen zeigt, sind innere Repräsentationen, die sich jemand von einer erlebten Situation, einer Beziehung oder einer bestimmten Gegebenheit macht. Aufstellungen lassen innere Bilder erkennen. Sie zeigen subjektive Wirklichkeiten, die aber gerade deswegen, weil sie subjektiv und innerlich sind, äußerst wirksam sind und das Denken, Entscheiden und Handeln spürbar beeinflussen.

Innere Bilder sind tief verankerte mentale Konstrukte, die wir in uns tragen und die bestimmen, wie wir uns selbst, andere Menschen und die Welt sehen. Sie prägen, was wir uns zutrauen und was nicht, welche Veränderung wir für möglich halten und welche nicht, ob wir etwas wagen oder eher zurückschrecken. Die neuere Hirnforschung kann heute gut beschreiben, wie tief die hirnphysiologischen und entwicklungspsychologischen Wurzeln dieser inneren Bilder reichen. Sie entwickeln sich von der Empfängnis an und bekommen eine erste klarere Gestalt schon in den ersten Lebensjahren. „Von der Beschaffenheit dieser einmal entstandenen inneren Bilder hängt es ab, wie und wofür ein Mensch sein Gehirn benutzt und welche neuronalen und synaptischen Verschaltungen deshalb in seinem Gehirn gebahnt und verfestigt werden. Es gibt innere Bilder, die Menschen dazu bringen, sich immer wieder zu öffnen, Neues zu entdecken und gemeinsam mit anderen nach Lösungen zu suchen. Es gibt auch innere Bilder, die Angst machen und einen Menschen zwingen, sich vor der Welt zu verschließen. Es gibt Bilder, aus denen Menschen Mut, Ausdauer und Zuversicht schöpfen, und es gibt solche, die Menschen in Hoffnungslosigkeit, Resignation und Verzweiflung stürzen lassen“ (Hüther 2008, 9).

Die im Gehirn verankerten und dort abgerufenen Repräsentationen unserer selbst, anderer Menschen und der Welt werden immer dann modifiziert und neuronal sozusagen überschrieben, wenn wir signifikante neue Erfahrungen machen. Diese sogenannte Neuroplastizität ermöglicht ein lebenslanges Lernen und somit eine Weiterentwicklung und Anpassung unserer inneren Bilder. „Das gilt insbesondere dann, wenn die Aktivierung des betreffenden Verschaltungsmusters mit einer emotionalen Erregung und der dadurch ausgelösten vermehrten Freisetzung neuroplastischer Signalstoffe einhergeht“ (ebd., 87).

Hier lässt sich erahnen, woran z. B. Veränderungsprozesse in Organisationen oftmals scheitern: Veränderungsnotwendigkeiten werden vielleicht nur oberflächlich und dann eher rational-argumentativ erläutert. Die bestimmenden inneren Bilder der Beteiligten und die daran geknüpften Handlungs- und Entscheidungsmuster bleiben davon aber unberührt.

8.1.2 Emotionen

Kommunikation, Entscheidungen und Prozesse in Organisationen werden nicht nur durch rationale Faktoren beeinflusst, sondern ebenso durch emotionale und affektive.

In den organisationalen Entscheidungs- und Steuerungsprozessen steht allerdings die analytisch-kognitive Ebene meist markant im Vordergrund. Um Entscheidungen zu treffen und zu begründen, werden Zahlen, Daten und Fakten herangezogen. Zumindest offiziell, denn faktisch spielt die emotionale Ebene eine mindestens genauso große Rolle. Lust und Unlust, Sympathie und Antipathie, Neid, Enttäuschung, Begehren – all das fließt maßgeblich in Entscheidungsprozesse und das alltägliche Handeln ein. Unsere Emotionen entscheiden darüber, ob wir uns engagieren und wovon wir uns motiviert fühlen; sie beeinflussen, was wir ablehnen und wofür wir uns begeistern lassen.

In Aufstellungen ist neben der sachlich-rationalen Ebene immer auch die emotional-affektive Ebene klar wahrnehmbar. Da Organisationen oft wenig gewohnt sind, mit Emotionen und der ihnen innenwohnenden Energie umzugehen, ist es wichtig, behutsam mit dem umzugehen, was sich in der Aufstellung diesbezüglich zeigt. Zugleich bieten Aufstellungen die Möglichkeit, diese äußerst wichtige Komponente im Leben einer Organisation sichtbar zu machen und ernst zu nehmen.

Emotionen sind mächtig, und sie sind immer und überall wirksam. In Aufstellungen können sie angeschaut, ernstgenommen und – wo nötig – auch hinterfragt und relativiert werden.

8.1.3 Beziehungen und ihre Verstrickungen

Der Ursprung der Aufstellungsarbeit liegt genau darin, Beziehungskonstellationen sichtbar zu machen. Verstrickungen, dysfunktionale Beziehungsmuster und daraus resultierende ungünstige Verhaltensweisen sollen erkannt und verändert werden. Dieses Anliegen steht im klassischen Familienstellen expliziter im Vordergrund als in Organisationsaufstellungen. Aber auch in Organisationen gilt: Die Beziehung prägt und beeinflusst die Sache – so sehr, dass Störungen auf der Beziehungsebene eine zielführende Arbeit auf der Sachebene vollständig blockieren können. Die Qualität der Interaktion entscheidet wesentlich darüber, ob und wie man in der Sache vorankommt.

Aufstellungen helfen, Beziehungs- und Interaktionsmuster in Organisationen und die oft verborgenen Dynamiken, die damit einhergehen, zu analysieren. Wie stehen wir zueinander? Wer nimmt welchen Raum ein? Wie kommen wir uns in die Quere? Wer ist draußen? Wer blockiert andere? Wo verlaufen trennende Linien? Das sind typische Fragen, die mit Aufstellungen beantwortet werden können.

8.1.4 Systemische Zusammenhänge

Wer Organisationen entwickeln und Veränderungsprozesse anstoßen will, wer eine neue Position in einer Organisation schaffen oder ein neues Produkt am Markt platzieren will, muss unbedingt die systemischen Wechselwirkungen verstehen, die er damit auslöst. Wie verändert sich das System, wenn ich eine seiner Komponenten verändere? Welche Rückwirkungen entstehen? Welche angrenzenden Systeme nehmen Einfluss oder sind betroffen? Was oder wer wirkt wie auf eine Fragestellung ein? Zur Analyse solcher systemischen Zusammenhänge bieten sich viele etablierte Instrumente an (z.B. Kraftfeldanalyse). Auch Aufstellungen sind gut geeignet, um sich systemische Wechselwirkungen und Rückkopplungen schnell und relativ unkompliziert vor Augen zu führen. Mit ihrer Hilfe lässt sich zum einen gut räumlich darstellen, welche Personen oder Faktoren zu einem System gehören, bzw. durch das System beeinflusst werden. Zum anderen machen sie aber auch deutlich, wie intensiv diese Wechselwirkung ist und mit welcher emotionalen Aufladung sie unter Umständen verbunden ist.

8.1.5 Energie

Organisationen sind weit mehr als ihre Strukturen, ihre Ziele, ihre Prozesse, die Mitarbeitenden, die Produkte und die Kunden. Darüberhinausgehend gibt es etwas unterschwellig Wirksames, schwer Beschreibbares und dennoch sehr Reales, das wir hier Energie nennen wollen. In manchen Organisationen herrscht ein positiver Geist oder eine kreative, nach vorn treibende Kraft. In anderen fehlt eine solche Energie gänzlich – oder sie fehlt hinsichtlich bestimmter Themen und Projekte. Ein Gespür für die vorhandene Energie zu bekommen, kann beispielsweise im Blick auf strategische Fragestellungen und Entscheidungen oder im Zusammenhang von Veränderungsprozessen wichtig sein. Stimmt die Richtung, in die wir uns damit bewegen? Können wir uns das zutrauen? Gehen die Betroffenen mit?

Im Kern geht es dabei um Fragen wie diese: Wohin bewegt sich die Energie einer Organisation? Wie stark ist sie? Wie klar lässt sich ihre Richtung ausmachen? Laloux (2014) spricht in diesem Zusammenhang vom ‚evolutionären Sinn' einer Organisation.

Energie oder evolutionärer Sinn, so real und einflussreich sie sind, so wenig lassen sie sich präzise greifen. Sie werden diffus wahrgenommen, aber eben nicht so, dass sie sich operativ nutzen ließen. In Aufstellungen ist die Energie, die einer Organisation als Ganzer oder einer spezifischen Fragestellung innewohnt, oft sehr unmittelbar zu spüren. Die Teilnehmenden erleben, dass beispielsweise von zwei aufgestellten strategischen Optionen, die eine seltsam kraft- und wirkungslos bleibt, während die andere spontane Zustimmung, positive Kraft und Handlungsbereitschaft auslöst. Sie entwickelt eine energetische Evidenz, die durchaus rationale und kognitive Ursachen hat, aber zugleich weit darüber hinaus geht und eine gesamtheitliche, das heißt kognitive, affektive und handlungsbezogene, Plausibilität und Wirkung hat.

8.1.6 Verborgenes, Unbewusstes, Unausgesprochenes, Denkverbote

Aufstellungen können nicht nur die Energie in einer Organisation sichtbar machen, sondern auch andere verborgene Dynamiken und Themen. Wir haben dies schon im Zusammenhang unserer

Überlegungen zur Organisationskultur (vgl. Kap. 4) besprochen. Es ist unvermeidlich, dass sich in Organisationen Umgangsweisen, Vorgaben und Gewohnheiten entwickeln, die, obwohl unausgesprochen und unbewusst, dennoch äußerst wirksam sind. Sie stellen in einer Organisation das dar, was man das *bekannte Unbekannte* nennen könnte: Man weiß, dass es da ist und wirkt, aber es ist kaum möglich, es klar zu greifen und zu beschreiben. Es überrascht deswegen meist auch nicht, wenn sich derartig unterschwellige oder unbewusste Themen, Regeln oder auch Denkverbote in einer Aufstellung zeigen. Eigentlich wussten alle, dass es sie gibt und dass sie wirksam sind, aber erst jetzt lässt sich verstehen, was da unter der Oberfläche wirkt und wie es wirkt.

8.1.7 Nicht-Wissen

Neben dem bekannten Unbekannten, dessen Erscheinen in einer Aufstellung meist nicht sehr überraschend wirkt, gibt es noch eine andere Qualität von Nicht-Wissen, die wir das *unbekannte Unbekannte* nennen. Aufstellungen lassen nicht selten völlig unerwartete und zuvor nichtgedachte Aspekte sichtbar werden: Personen, Aspekte oder Perspektiven, die offenbar zu einer Fragestellung beziehungsweise zum System gehören und gesehen werden wollen, die aber bis zu diesem Zeitpunkt in keiner Weise im Blick waren. Ed Schein hat verschiedentlich darauf hingewiesen, dass gerade das aufmerksame Wahrnehmen des eigenen Nicht-Wissens in Beratungskontexten eine der wichtigsten Erkenntnisquellen darstellt. Erfahrene Aufstellungsleiter haben meist gelernt, der Spur ihres Nicht-Verstehens zu folgen, auch wenn die Erfahrung, eine Situation oder einen Zusammenhang nicht zu durchschauen oder etwas nicht zu wissen, zunächst sehr verunsichern kann.

Das unbekannte Unbekannte zeigt sich in Aufstellungen nicht selten in der Weise, dass die Aufstellung unklar, vieldeutig oder verworren bleibt. Eine der häufigsten Ursachen dafür ist, dass irgendetwas Relevantes fehlt, eine wichtige Dimension nicht bedacht und gesehen ist oder ein Aspekt der Fragestellung noch verborgen ist. Sobald dieses Unbekannte und Neue eingeführt und aufgestellt ist, ergibt sich dann oft eine unmittelbar evidente Klarheit und ggf. auch eine Lösung.

8.2 Anwendungsfelder

8.2.1 Organisationsdiagnostik

Wer Entwicklungen und Veränderungen in Organisationen anstoßen will, muss sie zunächst verstehen. Denn jede Therapie setzt eine Diagnose voraus, jede Intervention eine Analyse. Nun sind allerdings Organisationsdiagnostiken keineswegs eine triviale Angelegenheit, handelt es sich doch bei Organisationen um komplexe Systeme, die man nach Lewin erst in dem Moment versteht, in dem man sie zu verändern versucht. Komplexe Systeme erschließen sich nicht unmittelbar einem von außen kommenden analytischen Blick. Sie zu verstehen, erfordert ein Eintauchen in die Organisation und eine tiefgehende Auseinandersetzung mit ihr. Wer aber eintaucht in eine Organisation, wird zugleich ein Teil von ihr. Jede diagnostisch-analytische Maßnahme beeinflusst und verändert deswegen den beobachteten Gegenstand. Es ergibt sich eine systemisch-zirkuläre Kausalität, der nicht zu entkommen ist: Jede Intervention setzt eine Analyse voraus, zugleich ist jede Analyse immer schon eine Intervention.

Die systemische Organisationsberatung kennt verschiedene Diagnoseverfahren, mittels derer sie sich ein Bild über den Zustand einer Organisation erarbeitet. Zu den wichtigsten zählen (König, Volmer 2019, 320-367):

- Befragungen: quantitative und qualitative Interviews, Mitarbeiterbefragungen, Fokusgruppen
- Beobachtung: standardisierte Beobachtung mit festem Schema, teilnehmende Beobachtung
- Kennzahlen (KPI)

Kein Diagnoseverfahren entkommt der zuvor beschriebenen Herausforderung systemischer Komplexität. Der oft gewählte Ausweg lautet dann: Reduktion der Komplexität. Verwobene, wechselseitig dependente und sich beeinflussende Zusammenhänge werden auf einige zentrale Faktoren reduziert. Diese Vorgehensweise kommt beispielsweise dann zur Anwendung, wenn man einen sehr komplexen Prozess mittels einiger weniger Kennzahlen zu begreifen und zu steuern versucht. Das Motiv hinter einer solchen

Vorgehensweise ist nachvollziehbar – es geht um die Sicherung der Handlungskompetenz. Wer die zentralen Kennzahlen kennt, kann entscheiden und handeln. Der Preis für diese scheinbar unvermeidbare Reduktion ist allerdings hoch: „Komplexität, die Ressource der Vielfalt, soll reduziert, vernichtet, zerschlagen werden. In der Wissensgesellschaft kommt es aber darauf an, sie zu erschließen.“ (Lotter 2019, 21) Wie kann es gelingen, einerseits die Komplexität systemischer Zusammenhänge ernst- und wahrzunehmen und andererseits dennoch operables Wissen zu erzeugen und so die Handlungskompetenz zu sichern? Der Ausweg besteht in der Stärkung der Kontextkompetenz der Handelnden (ebd., 9–40).

Aufstellungen können genau diese Kontextkompetenz fördern, weil sie helfen, Organisationen als komplexe soziale Systeme zu analysieren und zu verstehen.

Was leisten Aufstellungen konkret für die Organisationsdiagnostik?

- *Sie ermöglichen ein schrittweises analytisches Vorgehen.* Auch Aufstellungen ‚reduzieren‘ Komplexität, insofern sie oft mit einer oder einigen wenigen Komponenten eines Systems beginnen. Sie belassen es allerdings nicht bei dieser Reduktion und vermeiden grundsätzlich eine reduzierende Betrachtungsweise, insofern sie methodisch die Komponenten immer in ihren Zusammenhang setzen. Ihre Stärke besteht eben darin, genau diese systemischen Zusammenhänge und Verknüpfungen sichtbar zu machen. Das geschieht oft durch die simple Frage: Wer oder was gehört denn noch dazu? Die Aufstellung macht dann unmittelbar sichtbar, wie nach und nach eingeführte zusätzliche Elemente das Ganze verändern und in welchen Wechselbeziehungen sie zu den anderen Elementen stehen.

- *Sie ermöglichen einen Wechsel der Betrachtungsebene.* „Um Wissen produktiv zu machen, müssen wir lernen, sowohl den Wald als auch den einzelnen Baum zu sehen. Wir müssen lernen, Zusammenhänge herzustellen." (P. Drucker, zit. in: ebd., 5). Manchmal steht das große Ganze im Vordergrund, dann wieder braucht es einen Blick auf Details. Weitblick und Tiefenbohrung wechseln sich ab. Aufstellungen ermöglichen diesen schnellen Übergang von der Betrachtung des Systemganzen zum Fokus auf eine einzelne Komponente. Laut einer umfassenden Studie von Bulling über den Nutzen von Organisationsaufstellungen in Veränderungsprozessen, besteht dieser genau in der Möglichkeit, den diagnostischen Fokus mühelos vom Organisationsganzen auf relevante Detailaspekte zu verschieben (Bulling 2018, 371).
- *Sie ermöglichen das Verstehen von Beziehungen.* Der unmittelbare Fokus von Organisationsaufstellungen liegt oft auf den interpersonellen Dynamiken. Hier ist ihr diagnostischer Mehrwert unmittelbar ersichtlich, da sie deutlich machen: Wer ist drinnen, wer draußen? Wie stehen Führungskraft und Mitarbeiter zueinander? Wer gehört dazu? Wer fehlt? Andere typische Managementthemen – Marktentwicklung, Kunden, Produkte, Struktur, Prozesse – werden in vielen Organisationen losgelöst von diesen beziehungsbezogenen Themen betrachtet. Um Mitarbeiterinnen und interpersonelle Fragen kümmert sich der Bereich Human Resources, für alles andere ist das Management zuständig. Organisationsaufstellungen sind geeignet, sichtbar zu machen, wie Themen und Menschen interagieren. Wie werden unterschiedliche Strukturen erlebt? Welche Rückwirkungen haben unterschiedliche Kunden auf die Mitarbeiterinnen? Wie sehr stehen sie hinter einem Produkt? Woran genau scheitern bestimmte Projekte?
- *Sie ermöglichen es, Rollenkonflikte anschaulich zu machen.* Probleme in Organisationen können entstehen, wenn eine Person mehrere Rollen gleichzeitig innehat, wenn beispielsweise in einem Familienunternehmen jemand gleichzeitig der Gesellschafter, Geschäftsführer, Vater und Freund ist. Eine solche Vermischung kann dazu führen, dass während einer Familienfeier nebenbei wichtige unternehmerische Entscheidungen gefällt werden. Aufstellungen können solche Rollenkonflikte veran-

schaulichen, indem für jede Rolle ein eigener Stellvertreter aufgestellt wird.

Zwei kleine Beispiele sollen veranschaulichen, wie Organisationsaufstellungen für die Organisationsdiagnose genutzt werden können. Die Organisationsaufstellung im ersten Beispiel bewegt sich im Zwischenbereich von Realgruppe und Stellvertretergruppe.

Mitarbeiterin am Rand

Im Rahmen eines Workshops treffen sich junge Führungskräfte, die erst seit Kurzem ihre Führungsrolle übernommen haben. Alle gehören zum gleichen Unternehmen, kennen aber die jeweiligen Kollegen und deren Arbeitsbereiche kaum oder nur oberflächlich. Einer der Teilnehmer wirft die Frage auf, wie er die Zusammenarbeit in seinem Team, das gerade neu geschaffen wurde, fördern kann. Die Gruppe zeigt sich bereit, diese Frage mittels einer Aufstellung zu bearbeiten.

Zum Team gehören neben dem Teamleiter fünf weitere Mitarbeiter und Mitarbeiterinnen. Eine von ihnen arbeitet nicht in der Unternehmenszentrale, sondern an einem anderen Standort. Sie spricht zwar gut Deutsch, ist aber die einzige Ausländerin im Team.

Der Teamleiter stellt das Team so auf, wie es seinem derzeitigen inneren Bild entspricht. Dabei stehen er selbst und die vier deutschen Teammitglieder in einem halboffenen Kreis so, dass sie alle einander sehen können. Die ausländische Kollegin steht in einem deutlichen Abstand zu den anderen. Er selbst sieht seine Aufgabe darin, sie in das Team hinein zu holen und hat dazu auch schon konkrete Ideen, insbesondere denkt er an regelmäßige Videobesprechungen.

Die Stellvertreterin der Kollegin macht deutlich, dass sie sich in der Tat vom Rest des Teams getrennt fühlt. Zugleich wird sehr deutlich, dass sie sich wackelig und unsicher fühlt und vor allem befürchtet, künftig ständig in der Unternehmenszentrale präsent sein zu sollen und die Autonomie zu verlieren, die sie sehr schätzt und wegen ihrer familiären Situation auch braucht.

Dem Teamleiter wird durch diese sehr einfache und unspektakuläre Aufstellung klar, dass der Distanz der Mitarbeiterin eventuell mehr zugrunde liegen könnte als nur die physische Entfernung und die Sprachbarriere. Die von ihm angestrebte stärkere Einbindung löst ja bei der Stellvertreterin eher Widerstände aus. Die sich an die Aufstellung anschließende Reflexion in der Gruppe dreht sich darum, wie der Teamleiter vorgehen könnte, falls es diesen Widerstand auch bei der realen Mitarbeiterin gibt. Gespräche mit der Mitarbeiterin zeigen dann, dass in der Tat massive familiäre Belastungen vorliegen, die ihr subjektiv ein stärkeres Engagement im Team nicht wünschenswert erscheinen lassen. Außerdem wird ein hohes Maß an persönlicher Unsicherheit deutlich. Die Wahrnehmungen aus der Aufstellung bestätigen sich also sehr präzise auch in der Wirklichkeit. Der Teamleiter hatte nach der Aufstellung und dem anschließenden Gespräch mit den Kollegen seinen ursprünglichen Plan zur besseren Teamintegration der Kollegin verworfen und sich zunächst darum bemüht, die Belastungen und Vorbehalte der Mitarbeiterin besser zu verstehen.

Der unsichtbare Graben

Die Aufstellung findet im Rahmen eines Workshops mit ca. 20 Personen statt. Alle gehören zum selben Unternehmen und kennen sich meist seit Jahren. Derzeit sind sie in unterschiedlichen Organisationseinheiten tätig, in denen jeweils vier oder fünf von ihnen gemeinsam tätig sind. Diese Einheiten sollen aufgelöst werden und alle Anwesenden in einer neu entstehenden Einheit zusammengefasst werden. Der Workshop hat das Ziel, konkrete Fragen zu klären, die sich hinsichtlich der Zusammenarbeit in dieser neuen Einheit ergeben (Sitzordnung, Kommunikation, Regeln der Zusammenarbeit). Die folgende Aufstellung findet also mit einer Realgruppe statt.
Workshopleiter: „Bevor wir ihr künftiges Miteinander in den Blick nehmen, bitte ich Sie: Stellen Sie sich einmal so auf, wie Sie heute zueinanderstehen. Mit wem ist mehr Kontakt? Mit wem haben Sie zu tun? Wem fühlen Sie sich verbunden?
Die Teilnehmer finden recht schnell ihren Platz in der Aufstellung, die jedoch als ganze zunächst unklar wirkt. Die bisherigen Organisationseinheiten lassen sich zwar vage ausmachen, scheinen aber nicht das strukturierende Prinzip der Aufstellung zu sein. Als der Leiter die Teilnehmer befragt, merkt eine Teilnehmerin an: „Ich habe das Gefühl, hier ist Graben." Zustimmendes Nicken vieler Anwesender. In der Tat scheint ein unsichtbarer, schmaler Graben die Gesamtgruppe zu teilen. Auf Nachfrage des Leiters wird deutlich, dass der Graben zwischen Sachbearbeiterinnen einerseits und Referentinnen und Referenten andererseits verläuft.
Die anschließende Diskussion ergibt folgendes Bild: In der neu entstehenden Einheit gibt es etwa gleich viele Sachbearbeiterinnen und Referentinnen und Referenten. Letztere liegen in einer höheren Gehaltsgruppe, obwohl schon seit einiger Zeit die Sachbearbeiterinnen viele Aufgabenpakete von den Referentinnen und Referenten übernommen haben und die Stellenbeschreibungen zunehmend weniger unterscheidbar sind.
Die Aufstellung macht deutlich, dass die Mitarbeiter scheinbar nicht an ihren bisherigen Organisationseinheiten hängen. Auch die Bereitschaft, sich in die neue Einheit zu integrieren, ist durchaus wahrnehmbar. Der ‚unsichtbare Graben' offenbart aber ein Thema, das bisher im Unternehmen unterschätzt wurde: Die Sachbearbeiterinnen haben viele fachliche Aufgaben von den Referentinnen und Referenten übernommen und empfinden ihre Tätigkeit als zunehmend gleichwertig. Das sich an die Aufstellung anschlie-

ßende Gespräch in der Gruppe dreht sich dann um die Frage, wie der Graben zwischen den beiden Gruppen möglichst gut überwunden werden kann. Dabei wird deutlich, dass die unterschiedlichen Gehälter in diesem Zusammenhang kaum eine Rolle spielen, sehr wohl aber die Tatsache, dass die Sachbearbeiterinnen die Wertschätzung der Referentinnen und Referenten für ihre Leistung vermissen. Die Aufstellung hat sich hier als diagnostisches Instrument bewährt: Sie hat eine bisher nicht wahrgenommene Trennungslinie offenbar werden lassen und zugleich deutlich gemacht, wo der Kern des Problems liegt, nämlich in der mangelnden Anerkennung.

8.2.2 Organisationsentwicklung

Organisationsdiagnostik wird normalerweise nicht um ihrer selbst willen betrieben. Die umfassende Analyse einer Organisation bildet meist den Auftakt zu einem umfassenden Entwicklungs- und Veränderungsprozess innerhalb der Organisation.

Der Vorteil der Aufstellungsarbeit in der Diagnostikphase liegt auf der Hand: Sie ermöglicht die unmittelbare Wahrnehmung des Status Quo und insbesondere der tiefgehenden systemischen Zusammenhänge und Wechselbeziehungen in der Organisation.

Zieht man die in den letzten Jahren populär gewordene *Theorie U* von Otto Scharmer (2009) heran, so lassen sich Organisationsentwicklungsprozesse in drei Phasen gliedern.

Die erste Phase korrespondiert mit dem, was wir soeben als Organisationsdiagnostik beschrieben haben. Im Sinne Scharmers erfordert sie vor allem die Hinterfragung überkommener mentaler Modelle. Kommen diese nämlich zur Anwendung, vollzieht sich, was Scharmer ‚*downloading*' nennt: Neue Fragen werden mit

Lösungen von gestern beantwortet, neuer Wein in alte Schläuche gefüllt. Dieses Herunterladen alter Denkmodelle lässt sich vermeiden durch ein unvoreingenommenes, offenes Wahrnehmen dessen, was sich zeigt.

Auf die zweite und dritte Phase im U-Prozess werden wir im Folgenden eingehen. Sie betreffen die Vergewisserung über die Vision und den Auftrag der Organisation sowie deren strategische Umsetzung.

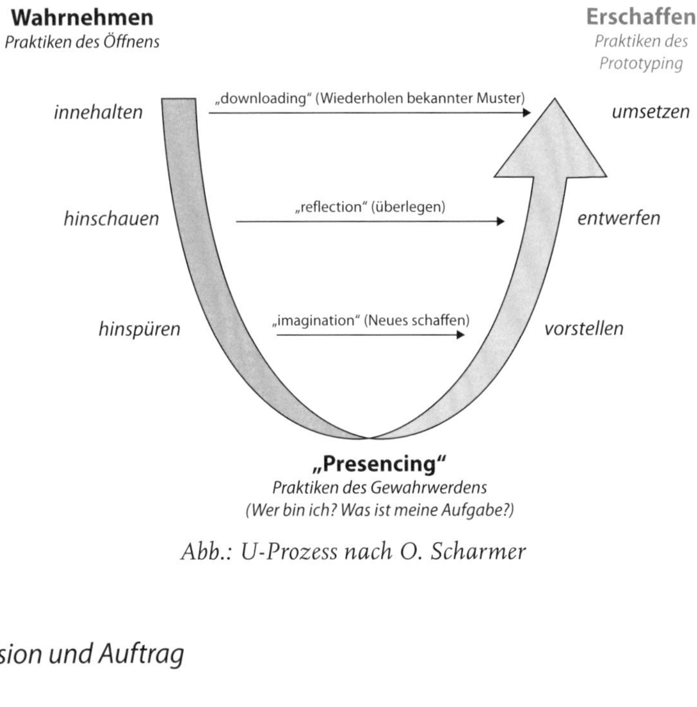

Abb.: U-Prozess nach O. Scharmer

Vision und Auftrag

Diese zweite Phase im U-Prozess umschreibt Scharmer mit dem Neologismus ‚*presencing*'. In ihm verbinden sich die Begriffe ‚Gegenwart' (*presence*) und ‚spüren' (*sensing*). Gemeint ist: eine Organisation wird ihrer eigenen Möglichkeiten im Blick auf die Zukunft gewahr. Sie entwickelt ein tiefes Verständnis für ihren Auftrag und vermag eine Vision ihrer Zukunft zu formulieren.

Auf den ersten Blick mögen die drei Phasen des U-Prozesses an vertraute Dreischritte erinnern wie ‚Sehen – Urteilen – Handeln' oder ‚Analyse – Entscheidung – Umsetzung'. In der Tat ist die logische Schrittfolge die gleiche. Insbesondere diese zweite Phase hat aber für Scharmer eine andere Qualität, die eben in dem Begriff ‚*presencing*' anklingt. Erspüren, was jetzt dran ist, geht weit über schnelles Urteilen und strategische Entscheidungsfindung hinaus, wie sie üblicherweise in Organisationen stattfinden. Unsere Erfahrung mit der Anwendung dieses U-förmigen Prozesses im Rahmen von Organisationsentwicklungen zeigt, dass insbesondere diese zweite Phase für viele Entscheidungsträgerinnen zunächst ungewohnt ist und ein Umlernen erfordert. Nicht umsonst suggeriert die U-förmige Darstellung des Prozesses in dieser zweiten Phase ein In-die-Tiefe-Gehen. Gemeint ist damit eine Art gemeinsames Innehalten, eine tiefgehende Reflexion und Verständigung: Was verbindet uns? Was macht uns aus? Warum gibt es uns als Organisation? Was sind unsere Ziele? Wie heißt die Vision, die sich aus all dem ergibt?

Organisationen und ihre Führungskräfte mussten sich in der Vergangenheit wenig Gedanken um diese Fragen machen. Das hat sich seit einigen Jahren sehr geändert. Unternehmen sind gegenüber der gesellschaftlichen Öffentlichkeit rechenschaftspflichtig (*Corporate Social Responsibility*) und müssen Auskunft geben, wozu sie da sind und welchen Mehrwert sie stiften. Führungskräfte sehen sich zunehmend in der Pflicht, Mitarbeitenden Bedeutungen zu vermitteln und Sinnbedeutungen zu erschließen. Das alte transaktionale Führungsverständnis („Du, Mitarbeiterin, gibst mir Lebenszeit und Kraft und ich, Unternehmerin, gebe Dir Geld.") funktioniert nicht mehr. An seine Stelle ist ein transformationales Führungsverständnis getreten. Hier soll die Führungskraft inspirieren, Vorbild sein, Sinnkopplungen herstellen und die individuelle Entwicklung der Mitarbeitenden fördern.

Der Bedarf nach Sinnformulierung wird jedoch nicht nur von außen an Unternehmen herangetragen. Viele Organisationen nehmen wahr, dass nur ein Verhalten, das sinnstiftend wirkt, dauerhaft Energien mobilisieren kann. „Finden sich Individuen, Teams oder Organisationen in dem, was sie unternehmen, nicht in irgendeiner Form wieder, werden sie ihr engagiertes Tun eines Tages bleiben lassen oder zu Funktionären verkommen. Sinn ist demnach eine machtvolle Ressource zur Schaffung und Erhaltung von Kohärenz und Kontinuität" (Rosselet, Senoner 2010, 51).

Organisationen müssen sich vergewissern, wozu sie da sind. Sie sollten nicht nur sagen können, was sie tun und wie sie es tun, sondern auch warum wie es tun.

Wozu braucht es uns? Was bringen wir mit unserer Arbeit und unserem Engagement in die Welt? Was trauen wir uns zu? Was wollen wir unseren Kunden geben? Wohin wollen wir?

Organisationsaufstellungen können Organisationen helfen, eine Antwort auf diese Fragen zu finden. So kann beispielsweise das Managementteam einer Organisation das Unternehmen, seine Kundinnen, seine Zukunft und seine Mitarbeitenden aufstellen. Es könnte dabei sichtbar werden, dass es so etwas wie eine echte, für Kundinnen und Mitarbeitende erkennbare Identität oder Zukunftsperspektive derzeit noch nicht gibt. Dann wäre klar, woran es dringend zu arbeiten gilt. Mit Rosselet und Senoner (2010, 35 ff.) gehen wir aber eher davon aus, dass in einer solchen Aufstellung die kollektive Intelligenz und das implizite Erfahrungswissen einer Organisation zum Vorschein kommen und eine latente soziale Sinnstruktur freilegen, die schon verborgen in der Organisation steckt. Neben sichtbaren Strukturen und Prozessen, Zielen und Werten gibt es ja in Organisationen auch unbewusste und unausgesprochene, aber selbstverständlich geltende Überzeugungen und Werte (vgl. Kap. 4). Organisationen wissen mehr als sie zu sagen wissen. Aufstellungen können helfen, dieses implizite Wissen sichtbar zu machen, indem deutlich wird, wohin eine Organisation drängt, in welche Richtung ihre Energie fließt, wo sie sich stark und wirksam fühlt.

Strategische Ausrichtung und Umsetzung

Organisationsaufstellungen können eine wahrnehmend-diagnostische Funktion haben, in der es um eine möglichst genaue Wahrnehmung dessen geht, was ist, mit dem Ziel, sich im Komplexitätsdschungel Klarheit zu verschaffen. Sodann haben wir eine zweite Funktion skizziert, deren Sinn es ist, eine innere Haltung zum Wahrgenommenen zu finden. Es handelt sich um eine Vergewisserung darüber, woher eine Organisation kommt und wofür sie steht. Zu diesen beiden kommt nun eine dritte Funktion hinzu, in der die praktische Handlungsfähigkeit im Blick auf die Zukunft im Vordergrund steht. Die Ahnung einer höchsten Zukunftsmöglichkeit allein genügt ja nicht, wenn sie sich nicht übersetzen lässt in konkrete Entscheidungen und Handlungsschritte für eine praktische Zukunftsgestaltung.

Oftmals lässt sich in Aufstellungen beobachten, dass die Klientin zwar einen ausgeprägten Veränderungsdruck spürt und auch eine diffuse Vorstellung der Möglichkeiten hat, die vor ihr liegen, aber faktisch blockiert ist, weil sie keine Entscheidung hinsichtlich der vor ihr liegenden Optionen zu treffen vermag. Hier erweist sich die Aufstellungsarbeit als ein sehr hilfreiches Instrumentarium. Entscheidungsoptionen oder Zukunftsmöglichkeiten können mithilfe von Stellvertreterinnen aufgestellt werden. Es ergibt sich ein unmittelbares Bild, die Wahrnehmungen der Stellvertreterinnen werden abgefragt und in vielen Fällen hat die Klientin einen markanten Eindruck, welche Option die stimmigere ist, welche sie mehr anzieht bzw. mehr Gestaltungsenergie freisetzt. Die empfundene Stimmigkeit ist dabei von sehr großer Bedeutung: Nur die Klientin selbst kennt all die vielen Systemkomponenten und Faktoren, die irgendwie wahrgenommen und bedacht werden wollen, nur sie hat ein Gespür dafür, aus welcher Vergangenheit sie kommt, und nur sie weiß, über wieviel Kraft sie derzeit verfügt und welche Schritte in die Zukunft sie sich zumuten kann. Was hier über die einzelne Klientin im Blick auf eine persönliche Entscheidungssituation beschrieben ist, lässt sich ohne Abstriche auf die Entscheidungssituationen in Organisationen übertragen.

Die Aufstellungsarbeit in solchen Situationen ähnelt dem, was man aus der Arbeit mit Zukunftsszenarien kennt. Ein prominenter Vertreter der Szenarienarbeit mit großen Organisationen ist Adam Kahane. Er lässt in komplexen Entscheidungssituationen umfängliche und sehr realistische Zukunftsszenarien erarbeiten, um dann schließlich mit allen Beteiligten zu einer Entscheidung zu kommen, welches Szenario sie verfolgen und praktisch umsetzen wollen (Kahane 2007 und 2012, 22). Mehr als Kahanes Szenarienarbeit, die einen hohen analytischen und kognitiven Anteil in der Entscheidungsfindung nutzt, setzt die Aufstellungsarbeit auf das implizite Wissen eines Menschen, eines Teams oder eines Systems, was richtig und stimmig ist (vgl. Müller-Christ 2020).

Aufstellungen bilden nicht die objektive Wirklichkeit ab; sie sind Bilder individueller oder sozialer innerer Repräsentationen. Aber diese Bilder – etwa ein Aufstellungsbild einer zukünftigen Möglichkeit – können sehr klar und eindeutig sein und eine enorme Kraft freisetzen. Es entsteht eine Entschlossenheit, sich in eine bestimmte Richtung zu bewegen und konkrete Schritte in diese Richtung zu unternehmen. Aufstellungen bieten sich also an, sowohl grundsätzliche strategische Optionen zu prüfen als auch – auf einer eher praktisch-operativen Ebene – verschiedene Ansätze zur Umsetzung strategischer Ideen zu testen.

Wir haben schon mehrfach darauf hingewiesen, dass Organisationsaufstellungen in den seltensten Fällen die alleinige Methode darstellen, um solche Fragestellungen zu klären und zu vertiefen. Es ist sinnvoll, nach der Aufstellung die Eindrücke auszutauschen und ggf. konkrete Maßnahmen und Operationalisierungen zu besprechen. Dazu sind beispielsweise Methoden und sozialen Techniken wie World Café, Open Space oder Fishbowl geeignet.

Da Strategie-Workshops fast ausschließlich in Realgruppen (also ohne fremde Stellvertreter) stattfinden, drängt sich die Frage auf, wie sehr die Anliegen, Sorgen, Präferenzen und unternehmenspolitischen Interessen der Teilnehmenden das Aufstellungsgeschehen beeinflussen. Das Bemühen, eine Aufstellung im eigenen Sinn zu beeinflussen, kann sehr ausgeprägt sein und sollte vom Aufstellungsleiter unbedingt bedacht werden. Eine Möglichkeit, hier gegenzusteuern, sind verdeckte Aufstellungen, in denen die Teilnehmer nicht wissen, für wen sie stehen (s. zu verdeckten Aufstellungen das Beispiel im Abschnitt 8.2.4).

Neben der Möglichkeit, unterschiedliche strategischen Optionen zu testen, bieten Aufstellungen auch die Möglichkeit, das Commitment zu überprüfen, das bestimmte strategische Entscheidungen auslösen.

8.2.3 Change Management

Die Unterscheidung von Organisationsentwicklung und Change Management ist nicht eindeutig und zwingend. Mit Doppler und Lauterburg (2019, 93-100) erscheint es sinnvoll, Organisationsentwicklung als einen zumeist mittel- bis längerfristig angelegten Prozess zu betrachten. Hier stehen im Vordergrund:

- ganzheitliches Organisationsverständnis, das gleichermaßen harte wie weiche Faktoren berücksichtigt
- Entwicklung als Veränderungsprinzip
- Partizipation der Betroffenen
- prozessorientierte Steuerung.

Davon lässt sich das in der Regel eher kurz- bis mittelfristig angelegte Change Management unterscheiden, das zu „einem Sammelbegriff für alles, was heutzutage an Veränderungen in Organisationen praktiziert wird“ (ebd., 100), geworden ist. Change-Management-Projekte sind gekennzeichnet durch:

- klare Struktur und stringente Planung
- konkrete Ziele und definierte Ergebniserwartungen
- dezidierte Orientierung am Markt
- Inkaufnahme bzw. bewusste Nutzung von Druck, Zumutung und Unsicherheit, um Veränderung in Gang zu setzen
- oftmals enormer Zeitdruck.

Wenn man diese Unterscheidung voraussetzt, wird deutlich, dass dennoch der Großteil der zuvor beschriebenen Anwendungsmöglichkeiten von Aufstellungsarbeit auch bei Change-Management-Projekten seine Gültigkeit behält. John Kotter (2011) ist eine umfassende Darstellung der notwendigen Schritte zu verdanken, die beachtet werden sollten, um Veränderungsprojekte zum Erfolg zu führen. Dass Aufstellungen hilfreich sein können, um eine überzeugende Vision der Organisation zu entwickeln, haben wir schon beschrieben (vgl. 8.2.2). Darüber hinaus bietet sich die Nutzung von Aufstellungen im Blick auf die von Kotter formulierten Anforderungen vor allem an drei Stellen das Change-Prozesses an:

Veränderungsbedarf erkennen

Für Kotter besteht der erste Schritt eines Veränderungsprozesses darin, in der Organisation ein Gespür für die Brisanz der Lage zu entwickeln. Es geht darum, Beteiligte aus der Bequemlichkeit des Status Quo zu reißen und Motivation für die Veränderung zu schaffen. Dazu sind Informationen und Diskussionen (über Marktentwicklung, Margen, Mitbewerber) hilfreich, sie entfachen aber oft nicht die notwendige Energie, die notwendig ist, um selbst veränderungsbereit zu werden. Der Vorteil von Aufstellungen besteht darin, nicht Zahlen, Daten und Fakten zu liefern, sondern eine sinnliche Vorstellung der Situation, die diese Daten beschreiben. So lässt sich beispielsweise in der Aufstellung der Status Quo der Organisation (bzw. einer bestimmten Einheit) darstellen und für die Beteiligten direkt erfahrbar machen. Aspekte wie das Erleben der Kunden, die Attraktivität der Produkte, die Kreativität oder auch die Innovationsblockaden der Beteiligten werden unmittelbarer erlebbar. So sehr, dass die Beibehaltung des Status Quo gefährlicher erscheint als der Sprung ins Ungewisse.

Antizipation neuer Möglichkeiten

Aufstellungen bieten sich an, um den angestrebten Zielzustand antizipierend zu testen. Häufig stoßen Veränderungsideen auf Ablehnung, da man sich das Neue nicht vorzustellen vermag.

Der Vorteil von Organisationsaufstellungen liegt auf der Hand: Das Neue (z. B. eine neue Teamkonstellation, Bereichsstruktur oder ein neuer Prozessablauf) kann ausprobiert, erfahren und in seiner Wirkung überprüft werden.

Die Neuropsychologie weiß, dass nur durch konkrete Erfahrungen Lernen, Offenheit für Neues und damit Veränderung möglich werden. „Deshalb können wir nur das denken und uns nur das vorstellen, was wir bereits erfahren und erlebt und als inneres Bild in unserem Hirn verankert haben. Je häufiger diese einmal entstandenen Verschaltungsmuster durch eigene Erfahrungen und Erlebnisse aktiviert, durch eigenes Handeln erneut abgerufen oder in der bloßen Vorstellung wieder wachgerufen werden, desto stärker werden die daran beteiligten synaptischen Verbindungen und neuronalen Verschaltungen gefestigt und stabilisiert“ (Hüther 2008, 87).

Widerstände erkennen und bearbeiten

Veränderungen rufen häufig Widerstand bei Betroffenen hervor. Nicht beachtete und nicht adressierte Widerstände führen zu Blockaden und können eine der größten Gefahrenquellen für die erfolgreiche Umsetzung eines Veränderungsprozesses sein. Widerstände gegenüber Veränderungen werden allerdings von denen, die sie empfinden, oft nur indirekt zum Ausdruck gebracht. Sie enthalten somit eine verschlüsselte Botschaft. Der Grund dafür ist: Ihre Ursachen liegen meist im emotionalen Bereich (Befürchtungen, Sorgen, Unsicherheit). Betroffene können sie deswegen manchmal selbst nicht klar greifen und auf den Punkt bringen oder scheuen sich, sie zur Sprache zu bringen. Aufstellungen bieten die Möglichkeit, die Veränderungssituation im Raum sichtbar zu machen und die Reaktionen der Betroffenen zu überprüfen. Manchmal lässt sich dann leichter zum Ausdruck bringen und überhaupt erst verstehen, was den Widerstand auslöst. Andere Male genügt eine kleine Veränderung der eigenen Position oder des Gesamtbildes, um einen Standpunkt zu finden, der eine Akzeptanz der Veränderung ermöglicht oder die eigene Einstellung korrigiert. Ebenso kann es geschehen, dass das Eingehen auf die Widerstände der Betroffenen wichtige Informationen für das Change-Projekt bereitstellt, die zu dessen Modifikation oder korrigierenden Anpassung führen.

8.2.4 Konflikte

Aufstellungen können sich als sehr hilfreich erweisen, um Konfliktsituationen zu verstehen und zu bearbeiten. Es sind allerdings einige Differenzierungen notwendig, da man Typen von Konflikten unterscheiden kann und auch es auch drei verschiedene Modi gibt, wie diese in einer Aufstellung zum Thema werden können.

Zunächst lassen sich drei grundlegende Typen von Konflikten unterscheiden:

- *Konflikte zwischen Gruppen*, z. B. zwischen zwei oder mehreren Organisationseinheiten
- *Interpersonelle Konflikte*, d. h. Konflikte einer Person mit einer oder mehreren anderen Personen, beispielsweise innerhalb eines Teams
- *Intrapersonale Konflikte Einzelner*, d. h. konfliktive Dynamiken, die sich im Inneren einer Person abspielen

Sodann gilt es zu unterscheiden, wer das Konfliktthema im Rahmen einer Aufstellung bearbeiten möchte. Auch hier sind drei Szenarien denkbar:

- *Alle beteiligten Konfliktparteien*: Dieser Fall ist selbstverständlich immer dann gegeben, wenn eine Klientin eigene intrapersonale Konflikte aufstellt. Darüber hinaus kommt es vor, dass alle in den Konflikt involvierten Parteien im Raum sind und die Aufstellung zur Bearbeitung des Konfliktes nutzen wollen.
- *Eine einzelne Konfliktpartei*: Eine Person oder eine Gruppe, die am Konflikt beteiligt ist, will sich mittels der Aufstellung ein Verständnis oder eine Lösung des Konflikts erarbeiten.
- *Eine nicht direkt am Konflikt beteiligte Person*: Jemand (z. B. eine Führungskraft), die selbst nicht direkt in den Konflikt involviert ist, aber ein Interesse an dessen Lösung hat, nutzt die Aufstellung, um sich die Konfliktsituation vor Augen zu führen.

Die konkreten Aufstellungsformate (Realgruppe, Stellvertretergruppe, Einzelberatung mit Bodenankern oder Figuren) können – je nach Konfliktthema und Konfliktbeteiligung der Anwesenden – jeweils sehr unterschiedlich sein. Der Beginn der Aufstellung sollte aber zunächst immer der *Diagnose* dienen. Hier wird nicht nur erhoben, wer in den Konflikt involviert ist, sondern vor allem auch, worin die inhaltlichen Ursachen des Konfliktes besteht. Es ergeben sich daraus die folgenden häufig unterschiedenen Konfliktarten:

- Interessenkonflikte
- Beziehungskonflikte
- Wertekonflikte
- Strukturkonflikte

In dieser diagnostischen Phase der Aufstellung ist nicht nur zu überprüfen, was die Konfliktursache ist, sondern auch, ob und wie sich diese verschiedenen Konfliktursachen überlagern und gegenseitig verdecken. So kann es geschehen, dass die Betroffenen im Vorgespräch die Konfliktursache ausschließlich in einem Interessenkonflikt sehen, der z. B. ein Produkt oder eine fachliche Frage betrifft. Die Aufstellung macht dann allerdings deutlich, dass sich dahinter ein Beziehungskonflikt zwischen einigen der beteiligten Akteure oder auch ein generelles strukturelles Problem (etwa hinsichtlich unklarer Zuständigkeiten und Verantwortlichkeiten) verbergen.

Verdeckte Aufstellungen

Insbesondere bei Konfliktaufstellungen mit Realgruppen, in denen die am Konflikt Beteiligten im Raum sind, stellt sich das Problem, dass die jeweiligen Konfliktparteien auch in der Aufstellung den Konflikt fortsetzen und oftmals dezidiert eigene Interessen verfolgen. Selbst wenn sie ehrlich an einer Konfliktlösung interessiert sind, ist es nicht undenkbar, dass sie das Aufstellungsgeschehen so zu beeinflussen versuchen, dass es sich in die Richtung ihrer eigenen Position bewegt. In solchen Situationen können sich verdeckte Aufstellungen als äußerst hilfreich erweisen. Sie verhindern, dass Teilnehmerinnen bewusst oder unbewusst die Aufstellung in ihrem Sinn manipulieren oder in eine von ihnen präferierte Richtung zu lenken versuchen.

In einem Softwareunternehmen erwies sich eine verdeckte Aufstellung als hilfreich, um einen verhärteten Konflikt zwischen den Ingenieuren und Informatikern einerseits und dem Vertrieb andererseits abzumildern.

Der Vertriebsleiter beklagte sich darüber, dass eine Software nicht den Kundenanforderungen entspreche und vor allem unnötige Funktionalitäten beinhalte. Er könne dieses Produkt nicht guten Gewissens den Kunden präsentieren und formulierte präzise und detaillierte Änderungsanforderungen an die Software. Die Software-Ingenieure hingegen betonten, dass die Software in vielfachen Abstimmungsschleifen iterativ mit Kunden und Anwendern entwickelt worden sei. Der Geschäftsführer sah sich nicht in der Lage, in dieser Situation, die seit Längerem festgefahren war, zu vermitteln, weil er befürchtete, unweigerlich eine der beiden Parteien vor den Kopf zu stoßen.

Die Anwesenden (der Geschäftsführer, der Vertriebsleiter und seine Stellvertreterin, drei leitende Software-Ingenieure) erklärten sich bereit, eine verdeckte Aufstellung auszuprobieren.

Der Aufstellungsleiter schrieb die Funktionen der sechs Anwesenden auf Zettel, faltete diese und ließ die Anwesenden jeweils einen Zettel wählen, den sie ungelesen in die Hosentasche zu stecken hatten. Niemand wusste also, für welche der sechs Funktionen er oder sie als Stellvertreter fungierte. Sodann wurden zwei Stühle im Abstand von ca. drei Metern einander gegenübergestellt. Der eine Stuhl stehe für die Kunden, der andere für das Softwareprodukt. Die Teilnehmenden wurden gebeten, sich so zu positionieren, wie es ihnen am sinnvollsten erscheint. Nach einem kurzen Umhergehen versammelten sich alle in einem leicht gebogenen Halbkreis so hinter dem Softwareprodukt, dass sie gemeinsam den Kunden in den Blick nehmen konnten, zugleich aber auch einander gut sehen konnten.

Nachdem alle ihre Position gefunden hatten, wurden die Zettel geöffnet. Die Position sowie die damit einhergehenden Assoziationen der Stellvertreter wurden mit der Funktion, die auf dem jeweiligen Zettel stand, in Verbindung gebracht.

Die sich an die Aufstellung anschließende Reflexion machte deutlich, dass der Konflikt in großem Maß auf Unterstellungen und Vorurteilen beruhte („Die IT-Leute interessieren sich nicht für unsere Kunden." – „Der Vertrieb hat keine Ahnung von dem, was wir hier machen."). Es war dann recht leicht, sich auf ein regelmäßiges Gesprächsformat zu einigen, in dem Vertrieb und Software-Entwicklung sich künftig über ihre jeweiligen Anforderungen und die nächsten konkreten Schritte austauschen werden.

Der Mehrwert einer derart verdeckten Aufstellung liegt auf der Hand. Da die Anwesenden nicht wissen, für wen sie stehen, sind sie freier, eine Position zu suchen, die im Blick auf das Organisationsganze sinnvoll erscheint.

Präsenz und Grenzen

Die Konflikte, die sich in Aufstellungen zeigen können, sind je nach Konfliktursache und -konstellation äußerst vielfältig – entsprechend sind es die Lösungen, die sich zeigen. Nach unserer Erfahrung haben allerdings auffällig viele Lösungsbilder mit einer Neudefinition von Nähe, Abstand und Grenzen zwischen den beteiligten Akteuren zu tun. Darin unterscheiden sich Organisationsaufstellungen in keiner Weise vom Familienstellen. Überraschend ist allerdings für manche, dass ein unglücklicher Umgang mit Präsenz oder Nähe sowie der mangelnde Respekt von Grenzen in Organisationen so viel Konfliktpotenzial in sich bergen können. *Präsenz* ist dann gegeben, wenn Personen oder Organisationseinheiten die ihnen gebührende Aufmerksamkeit und Wertschätzung erfahren. Sie ist beispielsweise dort in Frage gestellt, wo Mitarbeitende mit Aufgaben betraut und dann alleingelassen werden, oder Einzelne oder ganze Teams über wichtige Fragen nicht informiert werden. *Grenzen* respektieren bedeutet, die Eigenständigkeit, Kreativität und Freiheit anderer zu wahren. Grenzen werden z. B. oftmals dann verletzt, wenn Führungskräfte Aufgaben und Verantwortung unklar delegieren oder sich durch Micromanagement in die Befugnisse anderer einmischen. Die Lösung, die in Aufstellungen ermöglicht wird, ergibt sich oftmals aus einer neuen Kalibrierung des Abstandes der Beteiligten zueinander und manchmal auch nur einer minimalen Feinjustierung ihrer Positionen und Blickrichtungen.

Inneres Team

Innere Konflikte Einzelner in Organisationen können vielfältige Ursachen haben. Da oftmals nicht unmittelbar erkennbar ist, inwiefern in solchen Konflikten (unbewusste) persönliche und biografische Fragestellungen an die Oberfläche kommen, sollten Aufstellungsleitungen grundsätzlich äußerst behutsam sein, innere Konflikte Einzelner vor deren Kollegen aufzustellen. Organisationen unterscheiden sich in dieser Hinsicht recht stark: Die persönliche Offenheit, die etwa in einem sozial-pädagogischen Setting normal und wünschenswert erscheint, würde in vielen Businesskontexten als peinlich und unangemessen empfunden werden. Grundsätzlich sollte aber immer die Möglichkeit im Blick behalten werden, dass persönliche Themen oder Probleme sichtbar werden, die die Meisten nicht in ihrem beruflichen Kontext behandelt wissen wollen.

Im Normalfall kommen innere Konflikte einzelner Personen deswegen auch eher in Stellvertretergruppen oder in Einzelsettings zur Sprache. Sie lassen sich, je nach Hintergrund und Ursache des Konflikts, sehr unterschiedlich aufstellen: Handelt es sich um eine Kognitive Dissonanz können die Elemente, die die den Spannungszustand auslösen, aufgestellt werden, also beispielsweise eine Entscheidung, Handlung oder Information einerseits und Überzeugungen, Gefühle oder Werte andererseits. Für Konflikte, die sich aus Entscheidungssituationen ergeben, bieten sich oft sog. Tetralemma-Aufstellungen (Sparrer, Varga von Kibéd 2020) an, in denen systematisch alle verfügbaren Entscheidungsoptionen aufgestellt und angeschaut werden.

Ein Modell, das vielen Personen einen leichten Zugang zu inneren Konflikten ermöglicht, ist das des *Inneren Teams*. Es ist heute fast selbstverständlich geworden, einzelne Anteile einer inneren Dynamik zu personalisieren, indem man etwa vom ‚inneren Kind' oder dem ‚inneren Kritiker' spricht. Bekannt geworden ist das Modell des Inneren Teams vor allem durch das Coaching-Modell von Schulz von Thun (1998). Aufstellungen lassen sich nutzen, um die unbewusste Dynamik des Inneren Teams sichtbar zu machen (Kumbier 2020). Dabei dient die Aufstellung einerseits dazu, die Ursache des Konfliktes zu ergründen, indem sichtbar wird, welche inneren Teammitglieder miteinander streiten oder konkurrieren. Andererseits ergibt sich oft auch unmittelbar ein Lösungsbild. Oftmals geschieht das dadurch, dass ein moderierendes Teammitglied eingeführt wird, das den anderen Raum und Sprechzeit gewährt, aber zugleich eine integrierende, orientierende und entscheidende Rolle übernimmt.

Ein Teamleiter in einem großen Unternehmen regt sich im Rahmen eines individuellen Führungscoachings über zwei direkte Vorgesetzte auf. Beide würden durch ihr Verhalten die positive und offene Führungskultur, die er in seinem Team aufgebaut habe, infrage stellen. Im gemeinsamen Reflektieren über Handlungsoptionen zeigt er sich abwechselnd wütend, frustriert, blockiert und nachdenklich. Der Coach erläutert kurz die Idee des Inneren Teams, die ihm unmittelbar einleuchtend erscheint. Die Erhebung des Inneren Teams ergibt folgende Teammitglieder:

- *Der Kämpfer für Gerechtigkeit*
- *Der „Realo"*
- *Der Weltverbesserer*
- *Der Perfektionist*
- *Der Personalentwickler*
- *Der harmoniebedürftige Konfliktvermeider*

Alle Mitglieder des Inneren Teams werden auf DinA4-Blätter geschrieben, die als Bodenanker dienen und auf dem Boden im Kreis ausgelegt, sozusagen um einen virtuellen Besprechungstisch herum. Der Teamleiter stellt sich in den Kreis hinein auf die Position des Gesprächsleiters. Von hier aus schaut er zunächst sein Inneres Team an und fragt sich, wer im aktuellen Konflikt als erster oder am deutlichsten die Stimme erhebt. Er stellt sich dann auf dessen Position und verbalisiert, was dieses Teammitglied sagt. So nimmt er nacheinander jede Position ein. Dabei wird deutlich, dass einzelne Teammitglieder sich sehr schnell und markant äußern, andere hingegen mehr Zeit brauchen, um die eigenen Gedanken zum aktuellen Konflikt zu ordnen und zu äußern. Am Ende hat der Teamleiter den Eindruck, die Sitzordnung ändern zu sollen. Er möchte als Gesprächsleiter den „Realo" direkt an seiner Seite haben, da er seine Unterstützung am meisten braucht. Am Ende der Aufstellung des Inneren Teams äußert der Teamleiter ganz spontan: „Ich glaube, ich weiß jetzt, was dran ist." In der abschließenden Reflexion arbeiten Teamleiter und Coach heraus, dass es wichtig ist, die verschiedenen Mitglieder des Inneren Teams wahrzunehmen und sich gleichzeitig klarzumachen, dass es sich dabei ‚nur' um einzelne Aspekte einer inneren Dynamik handelt, um Gedanken, Gefühle oder persönliche biografische Prägungen. Der Teamleiter hat den Eindruck, in seinem inneren Konflikt jetzt deutlich klarer zu sehen. Er weiß, dass er die Gesprächsleitung im Inneren Team innehat und fühlt sich jetzt in der Lage, in der Konfliktfrage eine Entscheidung über den nächsten Schritt zu treffen.

8.2.5 Personalentwicklung

Unternehmen investieren viel Geld in Personalentwicklung. Fachliche Weiterbildung, Training zu Arbeitstechniken und zu Lernfeldern, die sich aus der Digitalisierung ergeben, stehen ebenso auf der Agenda wie die Entwicklung im Hinblick auf überfachliche Kompetenzen. Ausbildungen, Trainings, Coachings, Mentoringprogramme, Kollegiale Beratung und vieles mehr an Formaten wurde und wird entwickelt. Der Schwerpunkt liegt, egal mit welchen Methoden gearbeitet wird, auf der Optimierung von Haltungen, Einstellungen und Kompetenzen im Hinblick auf die Erreichung von Zielen und die Wahrnehmung ihrer Verantwortung durch die Mitarbeitenden, die geschult oder trainiert werden. Ihr

Wollen und Können zur Erfüllung der an sie gestellten Erwartungen, ihr sich Einfinden und ihr Ausfüllen der Rollen, die ihnen zugewiesen sind, sind die zentralen Gegenstände der Personalentwicklung, wie wir sie kennen.

Diese Konzepte und Herangehensweisen können sehr dazu beitragen, dass Organisationen erfolgreicher werden und Mitarbeitende sowohl leistungsfähiger als auch zufriedener sein können. Dafür gibt es keine Garantien, aber wenn Konzepte und Maßnahmen der Personalentwicklung schlüssig erarbeitet und mit Umsicht und hoher Qualität umgesetzt werden, tragen sie dazu bei.

Megatrends wie globale Vernetzung, beschleunigte technische Entwicklung, insbesondere Digitalisierung, ökologische Katastrophen und soziale Krisen verändern auch die Welt vieler Organisationen maßgeblich. Hinzu kommen die Reaktionen in Forschung, Wissenschaft, Politik und Gesellschaft auf diese Entwicklungen. Auch diese Reaktionen sind umfassend, grundsätzlicher Natur und dynamisch. Neue Arbeits-, Kooperations- und Führungskonzepte erobern das Feld der Arbeitswelt immer schneller und immer massiver. Die Konsequenzen für sehr viele Menschen, die in Organisationen tätig sind, sind erheblich. Es geht zwar auch jetzt immer noch darum, Techniken und Kompetenzen für bestimmte Themen, Aufgaben oder Verantwortungen zu erlernen. Aber es geht – zusätzlich – immer mehr darum, sich insgesamt als Mensch, als Persönlichkeit und als soziales Wesen einzubringen, an sich selbst zu arbeiten. Sehr viele von uns werden mit sich beständig wandelnden Rollen und Verantwortungen, mit veränderten Spielräumen und Grenzen, mit neuen Beziehungsstrukturen und Abläufen umgehen müssen. Und das gilt nicht nur für hier und heute, sondern wir müssen uns darauf vorbereiten, dass all die aktuellen Gegebenheiten im Fluss sind und sich schneller ändern können als alle erwarten. Wir müssen auch dann noch handlungsfähig sein und liefern können.

Die Ausrichtung der Personalentwicklung muss darum schon heute eine andere sein als sie es war und auch vielfach noch ist.

Auch die Personalentwicklung ist geprägt von ihrem Entstehungskontext, in dem technokratisches Optimierungsdenken an der Tagesordnung war. Prozesse werden immer weiter im Hinblick auf ihre wirtschaftliche Effizienz optimiert und Menschen müssen sich bestmöglich in diese Prozesse integrieren. Dazu erhalten sie Personalentwicklungsmaßnahmen. Das Funktionieren des Menschen wird perfektioniert. Dabei werden bestimmte Facetten der Kompetenz, ggf. auch der Motivation definiert, die als erfolgskritisch angesehen werden, und die Entwicklungsarbeit konzentriert sich darauf.

Jenseits einer solchen effizienzgetriebenen und optimierungsgläubigen, auch mechanistischen Herangehensweise tut sich inzwischen eine Perspektive auf, die dem Einzelnen und auch Gruppen von Menschen Freiheitsgrade zutraut und zumutet, die ihren Steuerungs- und Selbststeuerungsfähigkeiten angemessen sind. Selbstorganisiertes Arbeiten, Flexibilität, Agilität sind einige der zentralen Stichworte, die diese Perspektive charakterisieren.

Wie verändern diese neuen Konzepte die Ausrichtung und die konkrete Gestaltung der Personalentwicklung in Organisationen? Und wie passt die Aufstellungsarbeit in eine von diesen Ansätzen geprägte Sicht der Personalentwicklung?

Die *Global Human Capital Trendstudie 2019* der Unternehmensberatung Deloitte trägt den Titel „Führung der ‚sozialen Organisation': Der Mensch im Fokus der Erneuerung". Hier deutet sich an, dass nicht mehr die Versachlichung und die Funktionalität gewählt wird, die der Begriff ‚Personal' konnotiert. Ebenso wenig wird der noch weitergehenden Verdinglichung des Menschen durch die Verwendung des Terminus ‚Human Resource' gehuldigt. Der gewählte Begriff ‚Human Capital' soll sich positiv abgrenzen und auf das Potenzial hinweisen, das Menschen für Organisationen bedeuten – wenngleich aus unserer Sicht auch diese Wortwahl nicht besonders glücklich ist.

Denn es wird in dieser Studie viel vom Menschen in seiner Ganzheit, nicht in einzelnen Aspekten oder Funktionen gesprochen. Es wird anerkannt, dass die Reife und Komplexität, die viele Organisationen erreicht haben, ebenso wie deren dynamische und schwer prognostizierbare weitere Entwicklung nur mit Menschen zu bewältigen ist, die aus der Gesamtheit ihrer Persönlichkeit, ihrer Kompetenz und ihrer Selbststeuerungsfähigkeiten heraus im jeweiligen Moment das Richtige tun. Und auch dieses ‚Richtige' ist immer seltener das Umlegen eines Hebels oder die regelkonforme Erledigung einer Sachaufgabe. Es gibt diese einfachen, vorstrukturierten und von Autoritäten geregelten Verrichtungen immer noch. Aber immer häufiger ist gefordert, das Richtige situativ zu erkennen und autonom zu tun, nicht auf Anweisung hin, auf die zu warten ist. Das bedeutet für immer mehr Mitarbeiter, selbst zu bestimmen, welche Vorgehensweise ausgewogen und passend ist. Dabei müssen Menschen auf allen Ebenen einer Organisation, nicht nur Top Manager, sowohl die Ziele und Rahmenbedingungen der Organisation im Blick haben als auch die möglichen Auswirkungen des eigenen Handelns sowie die Reaktionen anderer darauf. Sie müssen erkennen und abwägen, welche wirtschaftlichen, sozialen und gesundheitlichen Konsequenzen die Prozesse und Interaktionen haben werden, die sie anstoßen oder beeinflussen.

In der angesprochenen Deloitte-Studie heißt es: „Wenn Organisationen es schaffen, eine Kultur des lebenslangen Lernens zu entwickeln und zu fördern, dann werden sie erkennen, dass dies nicht nur zum Organisationserfolg beiträgt, sondern ihren Mitarbeitern auch einen Sinn sowohl innerhalb als auch außerhalb der Arbeit gibt.“ (Deloitte 2019, 28).

Lernen soll kontinuierlich gestaltet werden und weit über das Funktionieren hinausgehen. Es soll den Mitarbeitern ‚Sinn‘ geben, auch über den Arbeitskontext hinaus. Wir haben an anderer Stelle in diesem Buch (vgl. Kap. 4.4) schon auf die zunehmende Bedeutung hingewiesen, die der Sinn vermittelnden Rolle der Arbeit zugemessen wird.

Personalentwicklung muss demnach die Selbststeuerungskräfte jedes Einzelnen sowie die autonome Steuerungskompetenz in Gruppen (Teams) etablieren, stabilisieren und gleichzeitig entwicklungsbereit und -fähig halten.

In diesem Prozess des Lernens, der die Person insgesamt mit ihren Rollen und Aufgaben verbindet, kann die Wahrnehmung wachsen, eine wichtige Kraft im System zu sein und zu dessen Erfolg und Entwicklung beitragen zu können. Darin kann auch die Erfahrung von Sinn entstehen.

Wir vertreten hier ein Verständnis von Personalentwicklung, in dem die Kernfrage ‚Wer entwickelt wen?' eindeutig beantwortet wird: Die Entwicklung von Menschen ist deren autonomes Recht und unterliegt deren eigener Entscheidung und Gestaltung. Jedes Bemühen, bestimmte Entwicklungen bei Menschen in Gang zu setzen, hat diese Grundlage zu respektieren. Ansonsten setzt sie sich dem Verdacht der Manipulation aus.

Unser Verständnis von Personalentwicklung ist zum einen ganz klar von dieser normativen Setzung geprägt und zum zweiten ist es dezidiert systemisch. Menschen sind agierende Elemente in den Systemen, zu denen sie gehören. Das gilt auch für Mitarbeiter in Organisationen. Selbstverständlich gibt es einen Rahmen legitimer Vorgaben, der sich aus Gesetzen, Normen, Verträgen, Stellenprofilen etc. ergibt. Innerhalb eines solchen jeweils spezifischen Rahmens kann Personalentwicklung nur bedeuten, alles dafür zu tun, dass Mitarbeiter ihre Gestaltungsmöglichkeiten erkennen, ihre Gestaltungskraft entfalten und ihre Ausrichtung immer wieder neu bestimmen. Außerdem sollten sie dies im Wissen um die eigenen Möglichkeiten und Grenzen autonom tun. Das ergibt sich aus der dargestellten normativen Positionierung sowie aus der systemischen Perspektive, die wir vertreten.

Im Rahmen eines solchen Verständnisses von Personalentwicklung wird Aufstellungsarbeit zu einem außerordentlich passenden Instrument der Arbeit an sich selbst und an der eigenen Integration in die Organisation. Wie inzwischen deutlich geworden ist, bietet gerade die Aufstellungsarbeit einen Arbeitskontext und eine Methodik an, die Menschen ermöglicht, sich selbst im System ihrer Organisation zu sehen, die eigene Einbindung, Kommunikation, Leistungsfähigkeit und vieles mehr, das wichtig ist, zu prüfen und zu verbessern. Das Erkennen der eigenen Möglichkeiten und zugleich deren Erweiterung ist das Kernanliegen und der Kernnutzen der Aufstellungsarbeit. Dazu gehört immer auch das Umgehen mit den eigenen Grenzen, deren Kommunikation und Beachtung ebenso wie deren Verschiebung auf der Basis einer ganzheitlichen Reflexion der eigenen Rolle und Verantwortung.

Angesichts der dargestellten Formate der Aufstellungsarbeit in Organisationen (s. Kap. 7.2) bedeutet dieses Verständnis von Personalentwicklung, dass Aufstellungsarbeit in sehr viele der durchaus üblichen Formate der Personalentwicklung integriert werden kann. Die in Kapitel 7 vorgestellte Systematik macht das deutlich:

Formate	**Schwerpunkte für den Einsatz**
Einzelberatung mit Aufstellungsarbeit (Coaching)	• Individuelle Unterstützung zu allen aktuellen und zukünftigen rollenbezogenen Fragestellungen • Persönliche Entwicklungsplanung/Karriereentwicklung
Aufstellungsarbeit in einer Gruppe *mit Stellvertretung* (Training, Workshop)	• Lösung aktueller Herausforderungen/Probleme • Wahrnehmung der jeweiligen persönlichen Verantwortung in Themen, Projekten, Führung • Persönliche Ziel- und Wegklärung
Aufstellungsarbeit in einer *Realgruppe*	• Teamentwicklung • Koordination und Kooperation in Projekt- und Arbeitsgruppen • Organisationsentwicklung (z. B. Vision, Strategie, Zielbestimmung, Innovation, Veränderung)

Sowohl im Coaching als auch in Trainings und Workshops, aber auch in Prozessen, die nicht als klassische PE-Maßnahmen konzipiert und umgesetzt, aber zur Entwicklung von Kompetenz und Kooperation initiiert werden, kann Aufstellungsarbeit sehr hilfreiche Beiträge liefern und dabei stets die Steuerungs- und Selbststeuerungskräfte der Beteiligten, die ernsthafte und konstruktive Übernahme von Rollen und Verantwortungen sowie das sehr bewusste Umgehen mit eigenen Möglichkeiten und Grenzen stärken.

Aufstellungsarbeit kann dazu beitragen, aus der klassischen Personalentwicklung, die sich um eine Perfektionierung von Kompetenzen bemüht, einen an der Entfaltung der persönlichen Möglichkeiten und der Erfahrung von Sinn ausgerichteten Beitrag zur Integration von Mensch und Organisation zu machen.

Dieser Beitrag dient sowohl den Zielen der Organisation als auch der persönlichen Entwicklung und Zufriedenheit der Mitarbeiter. Sie treten durch eine so gestaltete Personalentwicklung in einen Prozess der kontinuierlichen und autonom verantworteten Entwicklung ein.

8.2.6 Führung

Die strategisch besonders relevante Aufgabe der Führung besteht unter dieser Betrachtungsweise darin, durch die Gestaltung der Führungsbeziehungen daran zu arbeiten, dass Mitarbeiterinnen eine echte Loyalität zur Organisation aufbauen, aus der heraus sie bereit sind, sich ganzheitlich auf die ihnen zugetrauten Rollen und Aufgaben einzulassen und sich kreativ, ambitioniert und mit hoher Autonomie für Zielerreichung, Organisationsentwicklung und eigenes Lernen einzusetzen. Der Anspruch an Führung ist kein geringerer als dieser:

- die Systemrelevanz jeder einzelnen Mitarbeiterin erkennen und innerhalb der Organisation für alle sichtbar aufzeigen
- jeder Mitarbeiterin helfen, ihren Platz im System zu verstehen und einzunehmen, ihren Part beizutragen und sich auf mögliche andere Rollen im System vorzubereiten

- jeder Mitarbeiterin ermöglichen, die eigenen Möglichkeiten zu erkennen und zu nutzen sowie die eigenen Grenzen zu akzeptieren und zu kommunizieren

Um diesen Verantwortungen gerecht zu werden, kann die Aufstellungsarbeit Führungskräften sehr behilflich sein.

Es beginnt damit, dass Führungskräfte die hier angesprochenen Aspekte für sich selbst erkennen, reflektieren und die angemessenen Schlussfolgerungen für die Wahrnehmung ihrer Aufgaben ziehen. Im Einklang mit dieser eigenen Standortbestimmung und Reflektion geht es darum, dieselben Fragen für die Mitarbeiterinnen und selbstverständlich mit ihnen zu reflektieren und zu besprechen.

Die Aufstellungsarbeit bietet sehr intensive und erfahrungsorientierte Möglichkeiten der Selbstreflexion in der Rolle als Führungskraft. Sie wird vorrangig im *Coaching* eingesetzt werden, um ein geschütztes und vertrauliches Setting für diese oftmals sehr persönliche Auseinandersetzung zu haben. Die methodischen Möglichkeiten dieses Einzelsettings wurden bereits an anderer Stelle in diesem Buch vorgestellt (s. Kap. 5).

Eine weitere, sehr interessante methodische Herangehensweise ist die Selbstreflexion im Kreis anderer Führungskräfte. Diese Arbeit kann sowohl gemeinsam mit Kolleginnen erfolgen als auch mit Führungskräften aus anderen Organisationen, also in einem Umfeld, in dem sich vorrangig Menschen treffen, die ansonsten nicht zusammenarbeiten, die aber alle als Führungskräfte tätig sind. In einem solchen Kreis mit Aufstellungen zu arbeiten kann sehr gewinnbringend sein. Alle können sich an allen Themen, die besprochen werden, intensiv beteiligen und sowohl viele als auch tiefe Lernerfahrungen nicht nur in eigenen Aufstellungen, sondern auch durch die Aufstellungen anderer Teilnehmerinnen machen. Man kann sich dabei sowohl als Stellvertreter beteiligen als auch einfach die Aufstellung beobachten und reflektieren. Wir sprechen bei diesem Format von einem *‚Aufstellungsworkshop für Führungskräfte'*. Wenn nicht ausschließlich mit Aufstellungen gearbeitet wird, sondern diese als ein methodisches Element einbezogen werden in andere Arbeitsformen, passt eher die Bezeichnung als *‚Workshop mit Aufstellungsarbeit'*.

Wichtige Themen für die Selbstreflexion in der Rolle als Führungskraft, die sehr gut mithilfe von Aufstellungsarbeit im Einzelsetting oder in solchen Workshops bearbeitet werden können, sind die folgenden:

- Rolle und Verantwortung in der Organisation
- Klarheit des Führungsauftrags und des Führungsanspruchs
- Sicherheit und Souveränität in der Ausübung der Führungsrolle
- Positionierung gegenüber dem höheren Management
- Positionierung im Kolleginnenkreis auf der eigenen Führungsebene
- Positionierung gegenüber dem eigenen Team
- Anerkennung und Unterstützung durch das eigene Management
- Respekt und Wertschätzung durch die Mitarbeiterinnen im eigenen Team, ggf. auch darüber hinaus
- Positionierung im Kontext anstehender Herausforderungen, Aufgaben, Schwierigkeiten oder Veränderungen

Neben diesen, eher auf sich selbst rekurrierenden Fragestellungen wird es vielen Führungskräften darum gehen, konkrete Führungskonstellationen, Führungsaufgaben, Führungsherausforderungen im Hinblick auf die Zusammenarbeit mit dem Team der Mitarbeiterinnen zu bearbeiten. Solche Fragen sind typischerweise darunter:

- Findungsprozesse im Team, insbesondere bei neu zusammengestellten Teams
- Bearbeiten von Konflikten im Team
- Umgehen mit Leistungsdefiziten von Mitarbeiterinnen

- Umgehen mit Motivationsproblemen im eigenen Team
- Vermittlung von Vision, Strategie, Zielen und/oder Prioritäten
- Initiieren, Kommunizieren und Führen von Veränderungen
- Bearbeiten von Widerständen in Veränderungsprozessen

Im Rahmen der Arbeit mit dem Managementteam eines Unternehmens findet ein Workshop mit Führungskräften der zweiten Führungsebene statt. Die Ebene ist komplett vertreten. Es werden unterschiedliche Fragen zum Management herausfordernder Veränderungen sowie zur Führung in wichtigen, allerdings stockenden oder schlecht laufenden Projekten bearbeitet.

Auf den Vorschlag, konkrete Projektfragestellungen mit Hilfe von Aufstellungen zu bearbeiten, reagieren die Anwesenden zunächst zurückhaltend, weil sie diese Methode nicht kennen.

Das macht es erforderlich, ein wenig zu erklären, wie man dabei vorgeht, welche konkreten Parts einzelne übernehmen, was insbesondere die Übernahme von Stellvertretungen bedeutet, welche Rolle die Leitung hat usw. Erst nachdem das erfolgt ist und alle ein sichereres Gefühl haben, sich auf dieses Experiment einzulassen, kann die Arbeit beginnen.

Es findet sich ein Teilnehmer, der eine Fragestellung für die Aufstellung einbringt. Es geht ihm darum, eine Zusammenführung von Teams und die Neuverteilung von Aufgaben zu reflektieren, die er im Rahmen eines Projekts plant, und zu denen Unverständnis, Gleichgültigkeit und auch Widerstand, je nach Grad der Betroffenheit, aufkommen.

Die Aufstellung wird recht komplex, weil neben den betroffenen Teams auch andere wichtige Player repräsentiert werden müssen. Das geht vom Auftraggeber des Projekts über die Mitarbeitervertretung und den HR-Bereich bis zu Kolleginnen und Kollegen, die indirekt, aber durchaus deutlich von den Veränderungen betroffen sind.

Die Aufstellung hilft extrem, um wichtige Punkte überhaupt erst in ihrer Bedeutung zu erkennen, psychologische Gründe für aufkommende Haltungen zum Projekt zu verstehen und auch die eigene Rolle und das eigene Vorgehen seitens des Projektleiters, der hier der Auftraggeber der Aufstellung ist, kritisch zu hinterfragen und auch zu verändern.

Die Aufstellung gibt dem Projektleiter auf allen wichtigen Ebenen entscheidende Impulse für die Justierung seines Projektmanagements und seiner Führung der Projektmitarbeiterinnen.

Im Kontext der Frage, was Aufstellungsarbeit zur Klärung und zur Verbesserung des Führungsverständnisses und der Führungspraxis in Organisationen beitragen kann, erscheint uns ein

Anwendungsfeld ganz besonders wichtig und auch ergiebig für die Beteiligten:

die Verbesserung der Zusammenarbeit in Managementteams.

Vorstände oder Geschäftsführungen sowie die direkt an sie berichtenden Führungskräfte aus operativen, administrativen, Service- und Stabsbereichen sind auf der einen Seite die entscheidenden Personen in ihren Organisationen. Auf der anderen Seite ergeben sich sehr häufig gerade in der Zusammenarbeit in diesen Rollen sowohl strukturell angelegte Ziel- und Interessenskonflikte als auch prägnante Charaktere, deren Zusammentreffen auch auf der persönlichen Ebene nicht selten konfliktträchtig ist.

Beispielhaft seien einige häufig anzutreffende Problemlagen in Managementteams aufgelistet:

- Es gibt kein WIR-Gefühl im Managementteam. Eher arbeitet jede für sich und ist darum bemüht, für den eigenen Verantwortungsbereichs Rahmenbedingungen, Ressourcen und Ergebnisse zu optimieren.
- Es mangelt an gegenseitiger Unterstützung. Jede kämpft für sich allein, Aufmerksamkeit für die anderen kostet nur Zeit und ggf. zu leistende Hilfe auch noch Mühe.
- Es gibt keine gemeinsame Vision, keine wirklich tief geteilten Werte und Leitbilder, an denen sich das ganze Team orientiert.
- Die Führungsautorität der obersten Führungskräfte wird im Managementteam nicht ausreichend anerkannt, sei es insgesamt oder bei einzelnen Mitgliedern, ggf. auch in unterschiedlichem Ausmaß.
- Es gibt strukturelle oder persönliche Konflikte und keine ausreichenden Konfliktlösungsmechanismen, die gemeinsam verankert und in Konfliktfällen angewandt werden.
- Es gibt Intrigen und politische Spielchen, Grüppchenbildung und Koalitionen im Team, um die jeweils eigene Position zu stärken.

- Es gibt Ausgrenzungen und andere psychische Verletzungen einzelner Teammitglieder.

Diese Liste kann nach unserer Erfahrung um etliche, ebenfalls gravierende Probleme, die in Managementteams auftreten, ergänzt werden.

Es gibt dabei fast immer neben der sachlichen Thematik, die zu bewältigen ist und/oder über die gestritten wird, die Ebene der Verantwortung, die jede in ihrer Rolle sieht oder anerkennt bzw. nicht sieht und zurückweist. Darüber hinaus sind Rollenbeziehungen sowie auch die Ebene der persönlichen Positionierung sowie der persönlichen Beziehungen zwischen einzelnen Teammitgliedern sehr relevante Aspekte in der Bewertung und Verbesserung der Zusammenarbeit in Management Teams. Es ist fast immer sehr schnell erkennbar, dass es unter der Ebene der konzeptionellen und inhaltlichen Auseinandersetzungen eine tieferliegende Dynamik gibt, die den Verlauf des Konflikts und auch das Funktionieren der Kooperation sowie die Wirkung des Managementteams in die Organisation hinein massiv beeinflusst.

Es gehört zu den Stärken der Aufstellungsarbeit, diese Ebene auch dann ansprechen und offenlegen zu können, wenn es dagegen Widerstände gibt und die Fixierung auf die vermeintlich einzig relevante und überaus wichtige sachliche Diskussionsebene beharrlich ist. Es ist in der Regel nicht möglich, die Zusammenarbeit in Managementteams nachhaltig zu verbessern, ohne die verdeckten Ziele, Interessen und Konflikte sowie Emotionen und Haltungen offenzulegen und zu bearbeiten.

In Aufstellungen ist das möglich und die Arbeit ist vielfach extrem effizient. Ausflüchte, Ausweichmanöver und kommunikative Finten, die in Gesprächsrunden, egal welcher Couleur, schnell und immer wieder auch extensiv eingebracht werden, zermürben die Mehrzahl der Beteiligten und lassen die Gesprächsbereitschaft schrumpfen, so dass der Dialog im Team zusehends verkümmert, alle ihr eigenes Süppchen kochen und aufgrund von ungelösten Konflikten und Frustration anderen die Suppe auch noch versalzen. Nach einer Aufstellung der Dynamik und der Kooperations- und Kommunikationsmuster in einem Managementteam stehen die kritischen Aspekte in der Regel unübersehbar im Raum. Hinzu kommt, dass die Aufstellungsmethode die Beteiligten deutlich stärker zum Ausdruck der entscheidenden Wahrnehmungen,

Emotionen, Vorbehalte, Ängste, Ziele, Interessen usw. führt. Man sieht die kritischen Themen nicht nur, sondern man erkennt auch deren Relevanz und deren kritisches Potenzial im Hinblick auf die Zusammenarbeit.

In einem Managementteam sind sich alle einig, dass ein für das Unternehmen sehr wichtiges und ausgesprochen umfangreiches Projekt nicht gut vorankommt und zudem unter einem extrem schlechten Ruf im gesamten Unternehmen leidet. Es ist ein echtes Stress-Thema geworden – sowohl für die Führungskräfte und Mitarbeiter in allen vom Projekt betroffenen Bereichen als auch für die Projektleiter und die Projektmitarbeiterinnen. Schließlich reagiert auch das Top Managementteam ausgesprochen säuerlich auf das Thema und innerhalb des Managementteams gibt es verdeckte Vorbehalte im Hinblick auf die Erfolgswahrscheinlichkeit, die erforderlichen Beiträge der Beteiligten und etliche andere Facetten des Projekts.

Im Ergebnis ist erkennbar, dass das Managementteam nicht mit der erforderlichen Geschlossenheit hinter dem Projekt steht und dass nicht klar ist, wer welchen Beitrag liefert und welche Rolle übernimmt, um das Projekt erfolgreich zu machen.

Die Aufstellungsarbeit dazu zeigt innerhalb von Minuten die Problemlage auf, alle äußern sich offener und ehrlicher über ihre Wahrnehmungen zum Projekt und zu den anderen im Managementteam. Und schließlich gelingt es dem Managementteam von innen heraus ohne Regie von außen die für das Projekt und dessen Erfolg erforderliche Aufstellung (hier im doppelten Sinn des Wortes) des Managementteams zu entwickeln.

Diese Aufstellung hat reinigende, klärende und sehr motivierende Wirkungen auf alle Beteiligten. In der sich anschließenden Besprechung können die anstehenden Themen zur weiteren Entwicklung der Projektarbeit konzentriert, konstruktiv und zügig erarbeitet werden. Zudem versammeln sich alle wieder hinter dieser großen Aufgabe in einer ihren Rollen angemessenen Arbeitsteilung.

Durch die Darlegungen und Beispiele wird deutlich, wie weitreichend und essentiell die Aufstellungsarbeit Führungskultur und Führungspraxis in Organisationen bereichern kann. Den Mut, diese Methode trotz der vielfach noch vorhandenen Berührungsängste anzubieten, zu erklären und für sie zu werben, wird es brauchen, um sie immer mehr und immer gewinnender einsetzen zu können.

Literatur

Argyris C., Schön D. (2006). Die Lernende Organisation. Grundlagen, Methode, Praxis. Stuttgart: Klett-Cotta, 3. Aufl.

Assländer F. (2014). Was ist bei Organisationsaufstellungen anders? in: Praxis der Systemaufstellung 2/2014, 117–121

Assländer F. (2016). Führen heißt Beziehungen gestalten. in: Weber G., Rosselet C. (Hg.). Organisationsaufstellungen. Grundlagen, Settings, Anwendungsfelder. Heidelberg: Carl-Auer, 239–253

Blessin B., Wick A. (2017). Führen und führen lassen, Konstanz: UVK, 8. Aufl.

Bulling K. (2018). The Systems Constellation as an Instrument for Change Agents. A Case Study, General Conceptual Model und Exploration of Intervention Effects. Wiesbaden: Springer Gabler

Deloitte Globale Human Capital Trendstudie (2019). Führung der ‚sozialen Organisation': Der Mensch im Fokus der Erneuerung. Globale Human Capital Trendstudie 2019. Deutschland-Report

Doppler K., Lauterburg C. (2019). Change Management. Den Unternehmenswandel gestalten, Frankfurt: Campus, 14. Aufl.

Felfe, J. (Hg.) (2015). Trends der psychologischen Führungsforschung. Neue Konzepte, Methoden und Erkenntnisse. Göttingen: Hogrefe

Gleich, M. (2008). Organisationsaufstellungen als Beratungsinstrument für Führungskräfte. Eine empirische Analyse. Heidelberg: Auer

Hartung, S. (2014). Warum funktionieren Aufstellungen? Eine Betrachtung in 14 Thesen. Baden-Baden: DWV

Hartung, S. (2018). Theorie und Praxis der Organisationsaufstellung. Grundlagen für systemische Personal- und Organisationsentwicklung. Berlin: Springer Gabler

Hellinger, B. (2007). Die Quelle braucht nicht nach dem Weg zu fragen. Heidelberg: Carl-Auer. 5. Aufl.

Hellinger, B. (2015). Ordnungen der Liebe. Ein Kursbuch. Heidelberg: Carl-Auer, 11. Aufl.

Hüther G. (2008). Die Macht der inneren Bilder. Wie Visionen das Gehirn, den Menschen und die Welt verändern. Göttingen: Vandenhoeck & Ruprecht

Kahane, A. (2007). Solving tough problems. An Open Way of Talking, Listening and Creating New Realities. San Francisco: Barrett-Köhler Publ.

Kahane, A. (2012). Transformative Scenario Planning. Working Together to change the Future. San Francisco: Barrett-Köhler Publ.

Keysers, C. (2013). Unser empathisches Gehirn. Warum wir verstehen, was andere fühlen. Gütersloh: Bertelsmann

König, O. (2004). Familienwelten. Theorie und Praxis von Familienaufstellungen. Stuttgart: Pfeiffer bei Clett-Kotta

König, O. (2007). Aufstellungsarbeit zwischen Supervision, Beratung, Therapie und Ideologie. in: Gruppendynamik und die Professionalisierung psychosozialer Berufe. Heidelberg: Carl-Auer, 150–176

König E., Volmer G. (2018). Handbuch Systemische Organisationsberatung. Grundlagen und Methoden. Hamburg: Beltz, 3. Aufl.

Kotter, J. (2011). Leading Change. Wie Sie Ihr Unternehmen in acht Schritten erfolgreich verändern. München: Vahlen

Kotter, J. (2014). Accelerate. Boston: Harward Business Review Press

Kotter, J. (2015). Die Kraft der zwei Systeme. in: Harward Business Manager. Spezial 2015: Klassiker Change Management, 80–93

Kumbier, D. (2020). Aufstellungsarbeit mit dem Inneren Team. in: Stadler C., Kress B. (Hg.). Praxisbuch Aufstellungsarbeit. Grundlagen, Methodik und Anwendungsgebiete. Wiesbaden: Springer, 365–380

Laloux, F. (2015). Reinventing Organizations. Ein Leitfaden zur Gestaltung sinnstiftender Formen der Zusammenarbeit. München: Vahlen

Lotter, W. (2020). Zusammenhänge. Wie wir lernen, die Welt wieder zu verstehen. Hamburg: Edition Körber

Lyotard, J. (2012). Das postmoderne Wissen. Wien: Passagen, 7. Aufl.

Müller-Christ, G. (2020). Erkundungsaufstellungen: den Raum jenseits der Lösungsorientierung im Organisationskontext erforschen. in: Narazkiewicz, K., Kuschik, K. (Hg.). Aufstellungen im Arbeitskontext. Praxis der Systemaufstellung. Göttingen: Vandenhoeck & Ruprecht, 53–72

Netter, O. (2019). Angewandte Phänomenologie in der Aufstellungsarbeit. in: Nazarkiewicz, K., Bourquin, P. (Hg.). Essenzen der Aufstellungsarbeit. Praxis der Systemaufstellung. Göttingen: Vandenhoeck & Ruprecht, 127–150

Northouse, P.G. (2016). Leadership. Theory and Practice. Los Angeles: Sage, 7. Aufl.

Permantier, M. (2019). Haltung entscheidet. Führung & Unternehmenskultur zukunftsfähig gestalten. München: Vahlen

Pfläging, N. (2013). Organisation für Komplexität. München: Redline

Ricoeur, P. (1969). Interpretation. Ein Versuch über Freud, Frankfurt a. M.: Suhrkamp

Rizzolatti, G., Sinigaglia, C. (2008). Empathie und Spiegelneurone. Die biologische Basis des Mitgefühls. Frankfurt: Suhrkamp

Rogers, C.R. (1981). Der neue Mensch. Stuttgart: Klett-Cotta

Rosselet C., Senoner G. (2010). Management macht Sinn. Organisationsaufstellungen in Managementkontexten. Heidelberg: Carl-Auer

Ruegg-Stürm J., Grand S. (2017). Das St. Galler Management-Modell. Bern: Haupt, 3. Aufl.

Scharmer, C.O. (2009). Theorie U. Von der Zukunft her führen. Heidelberg: Carl-Auer

Schein, E. (2018). Organisationskultur und Leadership. München: Vahlen, 5. Aufl.

Schlötter, P. (2016). Vertraute Sprache und ihre Entdeckung. Systemaufstellungen sind keine Zufallsprodukte – der empirische Nachweis. Heidelberg: Carl-Auer, 3. Aufl.

Schulz von Thun, F. (1998). Miteinander Reden 3: Das Innere Team und situationsgerechte Kommunikation. Reinbek: Rowohlt

Senge P. (2008). Die fünfte Disziplin. Kunst und Praxis der lernenden Organisation. Stuttgart: Schäffer-Poeschel

Senoner G. (2015). Systemaufstellungen in Unternehmensberatung, Business-Coaching und Management. in: Praxis der Systemaufstellung 1/2015. 40–55

Sinek S. (2014). Frag immer erst: warum. Wie Topfirmen und Führungskräfte zum Erfolg inspirieren. München: Redline

Stadler C., Kress B. (Hg.) (2020). Praxisbuch Aufstellungsarbeit. Grundlagen, Methodik und Anwendungsgebiete. Wiesbaden: Springer

Stein E. (1917). Zum Problem der Einfühlung. München: Kaffke (1980)

Suermann de Nocker, T., Tapken. A. (2015). Beratung von Nonprofit-Organisationen. Konzeption eines integrierten Beratungsansatzes, in: Deelmann T., Ockel D. (Hg.), Handbuch der Unternehmensberatung Berlin: Erich Schmidt, 26. Erg.-Lfg. X/15, 1–26

Tapken, A. (2003). Der notwendige Andere. Eine interdisziplinäre Studie im Dialog mit Heinz Kohut und Edith Stein. Mainz: Grünewald

Varga von Kibéd M. (2000). Unterschiede und tiefere Gemeinsamkeiten der Aufstellungsarbeit mit Organisationen und der systemischen Familienaufstellungen, in: Weber, G. (Hg.), Praxis der Organisationsaufstellungen. Heidelberg: Carl-Auer, 11–33

Varga von Kibéd M., Sparrer I. (2020). Ganz im Gegenteil. Tetralemmaarbeit und andere Grundformen Systemischer Strukturaufstellungen – für Querdenker und solche, die es werden wollen. Heidelberg: Carl-Auer, 11. Aufl.

Weber G. (2016). Basics des Aufstellens von Organisationen und Arbeitsbeziehungen. Grundlagen und Vorgehensweisen, in: Weber G., Rosselet C. (Hg.). Organisationsaufstellungen. Grundlagen, Settings, Anwendungsfelder. Heidelberg: Carl-Auer, 23–71

Weber G. (Hg.) (2017). Zweierlei Glück. Das klassische Familienstellen Bert Hellingers. Heidelberg: Carl-Auer, 18. Aufl.

Die Autoren

Dr. Andreas Tapken

Studium der Psychologie und Theologie in Münster, Rom und Chicago. Promotion und Lehrtätigkeit in Psychologie. Psychotherapeutische Ausbildung. Mehrjährige Führungstätigkeit in den Bereichen Führungskräfteauswahl und -entwicklung. Danach Verantwortung für Organisationsentwicklung und Change Management in einem internationalen Industrieunternehmen. Seit 2014 selbstständiger Berater, Coach und Dozent für Wirtschaftspsychologie.

Ausbildung zur Systemaufstellung nach DGfS und mehrjährige Praxis in Familien- und Organisationsaufstellungen.

www.rise-consultants.de
www.andreas-tapken.de

Klaus Wübbelmann

Studium der Psychologie und der Theologie in Münster und Tübingen. Coaching-Ausbildung, Persönlichkeitsorientierte Arbeit. Wissenschaftliche Arbeit an Themen der Managementdiagnostik. Selbstständiger Managementberater seit 2001 in Managementdiagnostik und Managemententwicklung. Internationale Arbeit in Europa, Asien, USA.

Ausbildung zur Systemaufstellung nach DGfS und mehrjährige Praxis in Familien- und Organisationsaufstellungen.

www.rise-consultants.de
www.standup-atelier.de